THE IMPORTANCE OF SMALL DECISIONS

決策地圖

Michael J. O'Brien,
R. Alexander Bentley,
and William A. Brock

麥克・歐布萊恩、亞歷山大・賓利、威廉・布洛克——著
蕭美惠——譯

目次

推薦序　走過特權之路／前田約翰——7
作者序　伊藤法官的法庭——11

第一章　文化的進化：微小改變的總和——19
文化的分類　22
意圖與結果　24
有關馴化的不同看法　25
社會影響　27
形成期的行動呼籲　30

第二章　把我們的用語解釋清楚——33
演化用語　34
經濟用語　44

第三章 團隊與適存度 49
不只是扔得遠 52
選拔湯姆．布雷迪 54
神經可塑性與倫敦計程車司機 58
如果和可是 60
為什麼只談個人 63
第四章 我們是如何學習 67
個人學習 69
社會學習 73
模仿和模擬 75
石器打製者伍迪的傳奇技能 78
高爾頓問題 82

第五章 舞動地形與紅皇后——87

崎嶇不平的地形 91

地形開始變動 94

第六章 一張分成四個部分的決策地圖——101

決策地圖 104

左上：個人決策、效益透明 107

右上：社會決策、效益透明 109

右下：社會決策、效益不透明 111

左下：個人決策、效益不透明 113

在決策地圖上移動 114

第七章 冒險的事業 121
退休規劃 122
我要在這裡大幹一場 127

第八章 右下方的人生 135
重賞之下必有勇夫 137
現在人人都是科學家 142
決定疲勞 148
未來將會怎樣 150

參考書目 155

推薦序
走過特權之路

前田約翰（John Maeda）

日子久了以後，你很容易對自己的成就感到安逸。所以，你不妨後退一步，思考一下你的安逸狀態是怎麼得來的。純粹是你的辛勤工作換來的？或是你不知道自己享有與生俱來的優勢所賜予的？

前面那句話是你可能想要告訴自己，以及告訴別人。你堅忍不拔，克服所有困境。你的安逸是你作為一名心智獨立的思考者所做出的連串決定，為你帶來的成果。不然，這本書名不起眼的輕薄小書，怎麼會引起你的注意？

以本書三位作者的新社會行為「決策地圖」來看，你必然屬於他們決策地圖上的左方。你是獨立奮鬥的累積成果。從你有智慧挑選本書來判斷，你總是設法由最新的研究來做出最佳決定。

可是，在你的獨立心智之中，有什麼在騷動著。當你長大之後，你會很痛苦地發現，在這個世界上，做決定時不僅僅是依照純粹的邏輯。你會逐漸明白，我們做決定時更常參考別人在做什麼。這是「簡單系列」前一本書的前提，亦即《我要點她吃的》（*I'll Have What She's Having*），該書作者除了本書的兩名作者麥克・歐布萊恩（Michael J. O'Brien）與亞歷山大・賓利（R. Alexander Bentley），還有馬克・厄爾斯（Mark Earls）。因為你所能做的最簡單的決定，就是完全不要做決定，也就是讓別人來幫你決定。

了解了每一項之後，你開始在他們的地圖上移動。我們緊密連結的社會開始逐步顯現深沉的影響。你逐漸發現身邊周遭的許多決策像是集體行為般發生，而根據你的線上行為，你已經在不知不覺中加入。

然而，線上世界也可能有所益處，假如你可以設法離開自己舒適圈，尤其是如果你很幸運地接觸到「走過特權之路」（Privilege Walk）的概念。這項測驗是為了突顯有些人擁有，而其他人沒有的某些優勢。

《什麼是特權？》（*What Is Privilege?*）這支影片在網路上有數百萬的點閱次數，是一個非常引人注目的實驗活動。一開始每個人都站在同一條線，根據一系列的指示，往前走一步或往後退一步。舉例來說，「如果你曾經因為種族、地位或性傾向而被取綽號，請往後退一步」或「如果你的雙親都有上大學，請往前走一步」。

「走過特權之路」與本書三位作者的社會行為地圖尤其關係密切，因為它顯露他們地圖上較為偏向個人學習的左方，天生但被隱藏的特權。一個人的身分包含眾多世代優勢或劣勢。這使得我在他們的著作中找到另一句話：「我要吃和我相像的人以前吃過的東西。」

我曾在全球分布最廣的科技公司擔任設計與共融主管，而去到美國與歐洲的偏僻角落，這些地方在心理層面體現本書三位作者的地圖上的四個區塊。我學會不要對地圖上可能被認為較不受喜愛的區塊抱持偏見。我們能否擺脫周遭人們的想法？我們能否擺脫先前數個世代根深柢固的想法？我想要這麼認為。怎麼做呢？首先清楚地了解自己在社會行為地圖上的位置，然後做出可以讓他們前往任何想去地方的小小的、重要的決定，最好盡可能往上方，如果他們能夠幸運抵達的話。祝好運！

作者序

伊藤法官的法庭

大多數美國人一生中至少會參加一次陪審團，可以推測大多數人都很期待體驗這項活動，也許是因為電視節目時常將法庭描述成一個很令人興奮的地方，充滿了針鋒相對、精彩辯論，以及許多令人意外之處。我們對於做決定以及這件事如何塑造人類的演化背景很感興趣，而對於像我們這樣的人來說，法庭就像是活生生的實驗室。事實上，如果要記錄人類做決定的種類、如何做決定、做決定時的速度，以及決策造成的後果（無論是長期還是短期），法庭就是最適合的地方。

而提供我們最佳實驗室的莫過於一九九四年十一月至一九九五年十月，洛杉磯郡高等法院伊藤蘭斯（Lance Ito）法官的法庭，當時是前國家美式足球聯盟（NFL）跑衛、演員兼商品推銷員O・J・辛普森（O. J. Simpson）的審判（馬戲團）舞台，他被控謀殺前妻妮可・布朗・辛普森（Nicole Brown Simpson）和她的友人隆・高曼（Ron Goldman）。一九九四年六月十三日午夜過後沒多久，他們被發現遭人刺殺，陳屍在妮可位於洛杉磯高級地段布蘭伍德區的住家外。數日後，《洛杉磯時報》（*Los Angeles Times*）新聞標題寫著：「辛普森經瘋狂追逐後被捕：他被控謀殺前妻及友人」。在他被捕後，各種決策開始出現。如果你是辛普森，你如何決定挑選誰作為你的辯護團隊？如果你是地區檢察官吉爾・賈西迪（Gil Garcetti），你也要做出相同決定：你要挑選哪些檢察官來起訴這個案件？下一個決定是：要在洛杉磯郡的什麼地方提起這個案件。賈西迪有兩個選擇：洛杉磯市區或者鄰近布蘭伍德的聖塔莫尼卡。地點的選擇關鍵在於賈西迪認為他在哪裡最有勝算。他決定選在洛杉磯市區，事後來看這真是一項差勁的決定，因為這意味著賈西迪把這個案子交到背景很不相同的陪審團手中，而不是跟辛普森相同的富裕陪審團。

說到這裡，雙方必須決定哪些陪審員是可以接受的，以及決定哪些人。檢察官會告訴你，在審查過程前——古雅的盎格魯—諾曼用語稱為預先審查（voir dire）——他們必須快速決定如何挑選可能的陪審員，他們還必須決定要對他們詢問哪些問題，通常依賴律師助理與專業的陪審團挑選人來判斷不同人的肢體語言。至於陪審員，他們在預先審查時就開始做出自己的決定：檢察官是真的在詢問我對某件事情的意見，抑或她把我當成笨蛋（或兩者都是）？原告的律師會不會就像看上去是個大混球？我真的可以站在國家這一邊，去對付一個我向來仰慕的人嗎？

一旦選定陪審團，律師必須做出更大的決定，包括指定證人、提出哪些證物及何時提出，如何質詢與交叉質詢證人，如何幫他們的客戶做準備，結論時要說些什麼，以及不要說些什麼。辛普森案的關鍵是一雙稀有且昂貴的布魯瑪妮（Bruno Magli）鞋，濺落的DNA，以及那雙令人難忘、辛普森幾乎戴不上去的手套。到最後，歷經數月的作證之後，陪審團只花四小時便決定辛普森無罪。

法庭電視（現為truTV）轉播這項審判，數家其他電視網也是，提供做出決定的實況報導。數百萬人收看每日播映，唯一可以在收視人數媲美的日間轉播是一九七三年參議院水門案聽證會。美國因為勞工們收看辛普森案而損失的生產力可能高達四百億美元。如同莉莉．阿諾利克（Lili Anolik）在《浮華世界》（*Vanity Fair*）一篇報導所說的：「雖然當時沒有人知道，但由那樁駭人犯罪之中誕生出一種新東西，或者稱為『蔓延』較為合適：電視實境秀。」當然，一九九五年的電視實境秀跟今日相較之下是小巫見大巫，更別說我們現在可以由大量的其他媒體得到實境（reality）。

在我們自己的著作，我們把決定及其結果，預期中或預料外，視為演化的巨大舞台的關鍵因素，我們由這個角度來看待決策。無論一項決定看起來有多麼微小或無害，像是提出一雙布魯瑪妮鞋作為證物，或是一個可能說謊的警探站上證人席，我們永遠無法猜測它對舞台上發生的事情所產生的效果。我們要聚焦在舞台的一部分，才能看得更清晰。辛普森案之類的事件令我們著迷，因為它們的規模不是小到我們無法以一概全，或是大到無法看到所有細節。這種規模讓我們可以追蹤不同種類的決策，在不同時候和不同數量等級，並看到長期與短期的結果。

人類是從一個沒有很多選擇的世界中演化出來的，沒有很久之前，經濟學家是以理性的角度來看待行為，他們認為代理人通常對自己的選擇做出理性行為，市場跟著仿傚。現在則不然，經濟學家開始用情緒，甚至心情來追蹤舞台上的發展。所以，陪審團顧問才會得到豐碩的報酬，投資公司甚至開始雇用社會、非金融的專業人員。所有認為人類會做出長遠及周全思考，並得出理性決策的概念都被拋諸腦後。由於可以即時取得新聞和看法，決策變得很倉促，因為有太多可能性了，我們變得更加依賴網路來做出決定。

對於早已資訊超載的群眾，更別說個人經驗與集體決策之間的差距越來越大，未來將如何呢？我們無法想像的電視實境秀層次？或許吧，急於做出判斷是很危險的，許多行銷人員，以及社會科學家，都會犯下這種錯誤。利用線上既有的大數據來研究人類行為，是新穎的做法，但是我們只需要用大規模的線上行為，便可以了解人類是如何做出決定嗎？我們提出強烈反對，我們需要把那些資料放在合適的相關環境。為此，我們在數年前設計出一個社會行為的決策地圖，試圖了解人類決策的主要因素，不僅行銷人員應該關心，社會與行為科學家也應該如此。這份地圖的一條座標軸衡量人們對於自己決定的風險與好處有多少了解，另一條座標軸則衡量人們做決策時偏向個人或偏向社會的程度。

我們三人在《我要點她吃的》（與本書同屬一個系列）發表一份這個地圖的初級版，之後是在《行為與腦科學》（*Behavioral and Brain Sciences*）的一篇長篇文章〈大數據時代的集體行為製圖〉（Mapping Collective Behavior in the Big-Data Era）。那本學術期刊的政策是把這個領域大約二十多位傑出研究者之中，一份被接受的論文請人評論，然後把那些評論接在那篇論文後面刊登出來。接著，論文作者有機會做出回應。我們獲得的評論來自各個學術專業，由哲學到情緒心理學，到經濟學賽局理論，到金融資料研究等等。這些評論希望我們製作更為有效的模型，用以預測某些決策行為及證明看似微小的決定加總起來，引發大規模的演化事件。如我們在電子布告欄（BBS）論文的一位回應者艾力克斯・梅索迪（Alex Mesoudi）指出：「我認為他們的計畫是在回應我和他人的呼籲，以演化框架來重新架構社會科學與行為科學。演化的『群體思考』所討論的，正是上述我們論文所討論的問題：個人層次的過程如何累積，以形成群體層次的模式。」

梅索迪這兩句話都說對了。這個模型對他和別人研究的主題是一項重要的指引，這個主題就是個人層次的決定過程累積形成群體層次的模式。這正是演化的核心。不過，那篇BBS論文很技術性，數十人跟我們說，包括一些回應者，「我們很喜歡這個決策地圖，想要使用它，尤其是有關各種行為分布的長篇討論，以及我們需要找尋什麼模式才能加以辨識，但我們需要一些協助。」他們的意思是說，協助他們計算一些往往很技術性的數學。那些人的反應促使我們撰寫這本書，我們的主旨是提供使用者友善方法來研究決策地圖，重點不在於數學等式，而是真實世界不同決策行為及其背後演化過程的案例。我們的目的是要證明人類決策還有更多需要了解之處，而不只是研究社群媒體資料而已。話雖如此，我們還是希望早在一九九五年辛普森案期間就有了推特（Twitter），以記錄數百萬人對於他有沒有罪所做出的決定。當然，這數百萬項決定並不算數，唯有十二位陪審員的決定才算數，無論如何，那還是會很具娛樂性。

我們要藉此機會再次感謝麻省理工學院出版社的總編輯鮑伯・普萊爾（Bob Prior），始終如一地支持這項計畫。

我們也要感謝前田約翰，「簡單：設計，科技，商業，人生」系列主編，親切地把我們的書納入他的系列。這是第三本書，前兩本分別是《我要點她吃的》及《文化改變的加速》（*The Acceleration of Cultural Change*）。感謝葛蘿莉亞・歐布萊恩（Gloria O'Brien）、瑞吉娜・葛雷格里（Regina Gregory），以及麻省理工學院出版社的安—瑪莉・波諾（Anne-Marie Bono）、黛伯拉・坎特—亞當斯（Deborah Cantor-Adams）和瑪莉・萊禮（Mary Reilly），一直給予卓越的編輯建議。

第一章
文化的進化：微小改變的總和

眾所周知，考古學家們的興趣是很多元的，但是每個人最好奇的問題也許都是同一個：為什麼將近一萬年以前，一些人類群體會徹底捨棄狩獵採集生活方式，開始逐漸安定下來，長期聚集在一個村莊，花費心力去培養植物和動物？事實上，從上個世紀以來就很少出現如此具爭議性的考古學議題。以前考古學家認為，這個過程剛開始只發生在少數區域，也許最初是在近東地區，然後獨立出現在美洲的部分地區，接著再從這些核心地區擴散到地球上的其他地方。然而，現在我們已經可以確定，在許多不同的地區，這個過程獨立發生了十至十二次，除了近東、墨西哥中部、一些南美洲的地區以外，還有東亞、東南亞、印度河流域、中非西部。毫無疑問，生活方式轉變為定居、畜養植物及動物，讓史前人類的生活產生巨大改變。史前學家戈登·柴爾德（V. Gordon Childe）甚至將它稱為新石器革命，但是我們仍然不了解關於這種革命的許多細節，以及它是如何發生的。

一九七〇年代早期，麥克．歐布萊恩就讀萊斯大學時，他很幸運地找到近東考古學家法蘭克．霍爾（Frank Hole）擔任他的指導教授。萊斯大學主要是以工程及自然科學聞名，而那裡的社會及行為科學教職人員很少。麥克不是自己決定要請法蘭克來當他的指導教授，因為沒得做決定：當時法蘭克是學校裡唯一的考古學家。這並不令人意外，考古學的學生很少，正確來說只有一位，而這個學生需要一名指導教授，所以法蘭克不能決定自己要不要接受這個學生，還是要讓其他老師接手，他只能答應麥克。

法蘭克是伊朗西部早期農業社會的專家，這個地區成為研究大約一萬年前早期村莊形成和動植物馴化的聖地。法蘭克於一九六一年在芝加哥大學拿到博士學位，與羅伯特．布萊德伍德（Robert Braidwood）一同研究伊朗西部形成永久村莊的農業起源。布萊德伍德碰巧是電影《法櫃奇兵》印第安納瓊斯三部曲裡頭，艾伯納．拉文伍德（Abner Ravenwood）這個角色的靈感來源（在劇中，拉文伍德是瓊斯的指導教授）。他因為一九四八至五五年在伊朗西部札格洛斯山脈（Zagros Mountains）耶莫（Jarmo）的新石器時代村莊遺址挖掘工作早已聲名遠播。布萊德伍德的工作創新之處在於他的研究團隊不只包括考古學家，還有植物與動物等領域的專家。如果你對於馴化的起源感興趣，你不只必須辨識植物與動物遺骸，還必須判斷它們是否已被馴化，抑或是在野外採集。

布萊德伍德並不同意有關馴化起源的理論，尤其是柴爾德提出的綠洲理論（oasis theory），該理論主張一萬一千七百年前的更新世結束時，由於氣候壓力，人類、動物和植物被吸引到水池邊。基於這種新出現的「鄰近」，這三者被馴化成一個群體。植物生長引來動物，由於植物是可靠的食物來源，動物往往會留在附近。人類也受到植物吸引，而動物習慣人類的存在，最後被馴化。布萊德伍德駁斥綠洲理

圖片來源：Marcin Szymczak, Shutterstock

論，而提出另一種主張，他認為後更新世初期的村莊位在札格洛斯山脈的「丘陵兩翼」。不像柴爾德強調環境惡化是一個原因，布萊德伍德認為村莊形成和動植物馴化是新石器時代群體定居的一部分，在這個時期，他們實驗糧食儲存、鐮刀、研磨石器和其他技術，因此他們已為農業做好準備。那麼，布萊德伍德如何解釋演化之前為何沒有糧食生產。他是這麼說的：「當時的文化尚未做好準備。」

文化的分類

儘管那種說法在今日看來奇怪，布萊德伍德認為文化必須為某件事物做好準備的說法，其實是依循一個知名且公認的框架，回溯到十九世紀末葉，愛德華．泰勒（Edward B. Tylor）、路易斯．亨利．摩爾根（Lewis Henry Morgan）和其他社會科學家認為，所有人類，無論什麼時間或地方，均經歷預定的連串文化層次，首先是蠻荒，接著是野蠻，最後是文明，而只有做好準備的幸運少數人才能擁有文明。文化出現變異，因為並非所有群體都能進步。十九世紀民族誌學者所知道的簡單社會，類似於在進步過程中的不同階段停頓的史前社會。摩爾根使用大量的比較資料將不同文化分類到這三種層次，甚至在蠻荒與野蠻之下又分別設定三種分級。他同時列出一系列的特色，構成這三種分級的分類基礎。其中一些特色是根據生計與技術，例如他們吃什麼，如何準備糧食，以及使用何種武器，不過摩爾根極為強調婚姻與家庭。舉例來說，所有社會一開始都是「生活於雜交的一大群人」，其中一些群體進化到兄妹婚姻，然後一些進化到集體婚姻，接著是一對一對的男女與別人住在一起，接著是一夫多妻，最後，文明群體進化到一夫一妻。

不意外的，摩爾根認為進步到文明層次的文化是與現代西方國家興起有很大關係的文化，例如羅馬、希臘與埃及。當然，文明圍繞城市而興起，一九五〇年《城鎮規劃評論》（*Town Planning Review*）刊登一篇重量級文章〈城市革命〉（The Urban Revolution），柴爾德在泰勒與摩爾根的架構之外，又再列舉真正城市的十個主要特徵，包括存在大型公共建築、概念化與精密的藝術風格、寫作、全職的工藝專業和統治階層。

我們稱泰勒、摩爾根與柴爾德等人提出的理論為定向性（orthogenetic），意指演化的事物，在此指群體或文化，具有某種內在傾向，會朝向預定的方向演化。摩爾根在他的一八七七年鉅著《古代社會》（*Ancient Society*）宣稱：「人類經驗在幾近一致的管道進行；相似條件下的人類必需品大致上相同。」這種看法在社會科學，尤其是人類學，被稱為「人類心智普同性」（psychic unity of mankind）。在這種演化理論下，決策完全沒有發揮作用，尤其是在總體層面。相反的，事情順其自然發生。人類學家艾蓮諾・李科克（Eleanor Leacock）在一九六三年指出：「一般的階段順序已被寫進我們對先史學與考古遺址的理解，只需看一眼任何人類學入門教科書便可以看出來。」

意圖與結果

文化演化的定向性看法仍存在著不同形式，但到了一九六〇年代，甚至連布萊德伍德和他的同儕都把焦點放在人們和他們的決定，因此，布萊德伍德告誡不要忽視「手工製品背後的印第安人」。將個人「代理人」放進文化為重大技術改變「做好準備」的觀念，讓我們想起英國電視劇《密契爾和韋柏秀》（*That Mitchell and Webb Look*）的一個幽默短劇，兩個住在銅器時代村落的男人，去拜訪鄰近村落的兩個新石器時代男人，爭論銅器比石器好用。他們宣稱「石器已死，銅器萬歲！」並把一個銅盤、銅杯，甚至一雙銅鞋，拿給新石器鄰居看。人們對文化「做好準備」的論調同樣適用於動植物馴化的起源：人們圍坐在營火四周，「決定」他們準備開始生活在永久性的村莊，開始馴化附近生長的大麥、小麥和豆類，以及吃植物的綿羊及山羊。

然而，這種論調的邏輯有誤。考古學家羅伯特・貝廷格（Robert Bettinger）與生物學家彼得・里奇森（Peter Richerson）指出，眾多世代所進行的文化行為未必是因為當時他們的可能動機。確實，個人層次的決定累積而形成群體層次的模式，但是不能據此將群體層次所觀察到的行為模式，認定是個人層次的意圖與動機。圍坐在營火邊決定你的團體是否需要定居，甚或已做好準備，根本不成立。由演化觀點來看，真正重要的是已做出的決定所帶來的後續結果。

有關馴化的不同看法

為了探究意圖與結果之間的拉鋸戰，植物學家與考古學家大衛・林多斯（David Rindos）在一九八四年出版《農業起源》（*The Origins of Agriculture*）一書。林多斯認為，植物馴化並不是全有或全無的主張。相反的，人類、植物互動的連續過程有著不同階段，無論在什麼地區。林多斯引發一場烈焰風暴，因為一些人認為他將人類去人性化，成為自然的兵卒。如同他所說，雖然人類意圖及創新、發明，無疑確實發生，但不必提到它們便可解釋農業起源。換句話說，馴化是一個漫長過程，人類行為（決定）與植物行為一同演化。林多斯提問，自然界有眾多非人類、互利共生的馴化系統，像是螞蟻與金合歡，松鼠與橡樹，為什麼我們要把人類與植物農業設定特殊地位？為什麼我們要認為人類與植物數千年發展出來的關係，跟其他動物與植物的共生關係並不相同？

這裡的重點應該很清楚：人們隨時都在做決定，意圖要做某件事，但決定所造成的結果可能與做決定時的意圖沒什麼關連。當一個公元前第九千紀的新石器時代食物採集者，在安那托利亞（Anatolia）挖了一個洞並把大麥種子撒下去時，誰會懷疑他不是為了種出植物？同樣地，當一個公元前第四千紀的食物採集者在墨西哥高原特瓦坎谷地（Tehuacán Valley），用內層塗了黏土的籃子汲水倒在新發芽的玉米上面，誰會懷疑他不是為了養活這些植物？重點是，雖然意圖的確是在當下做出，它們在文化體系內的變化也越來越多，可是在文化演化只扮演周邊的角色。我們把意圖連結到演化結果時必須謹慎，因為在群體層次，意圖絕對扮演更輕微的角色。林多斯寫道，人類做出選擇，但就演化來說，他們無法一直主導他們選擇的選項。換句話說，我們從既有的選項中挑選，但是選項的範圍早已由之前世代的演化過程決定好了。亞歷山大．艾蘭德（Alexander Alland）之前提出類似的主張：「個人即使不知道某種行為具有適應性，也能適應。他們進行某些重複行為，好讓那些行為改變他們的生存能力。」這好比去問辛普森謀殺案審判的陪審員的腦子裡在想什麼。去問他們如何、何時，及為何做出個人決定，或許會有趣，許多人靠著在判決宣讀後去做這些事而賺了很多錢，但對我們來說，唯一真正重要的事是他被判無罪。

社會影響

目前為止，我們還沒有討論到本書的主題：社會影響。每個人都會做決定，但是我們很有可能，也通常會受到身邊人們的影響。舉例來說，辛普森的判決就受到許多社會影響。陪審團就是這樣運作的。陪審團成員討論證據，試圖說服他人接受自己的看法，並達成共識（也可能無法達成）。有一份報告指出，辛普森的陪審團要開始討論時，先進行一個非正式投票，結果是十比二，十票認為辛普森無罪。之後只經過四個小時，就討論出最終判決，這就表示那兩個一開始認為辛普森有罪的人很快就受到其他人的影響，改變自己的決定。新石器時代的糧食採集者並不是那麼迅速地轉變到動植物馴化，但是社會影響這項程序，無疑發揮了一個強大的作用。我們在本書一直會談到，決策受到社會影響的程度是一個實證問題，這個問題在現代世界更具重要性，因為行為科學家，更別提市場調查人員，逐漸依賴群眾外包（crowdsourcing）作為判斷人們如何與為何決定去做他們所做事情的方法。

詹姆斯・索羅維基（James Surowiecki）的暢銷書《群眾的智慧》（*The Wisdom of Crowds*）出版於二〇〇四年，那時候社群媒體還不興盛。這本書推廣了這種假設：如果你向一群各式各樣不同的人詢問同一個問題，每個人給出的答案若有錯誤，在統計上會被刪除，因此可以獲得很有用的資訊。典型的範例是，請一百個人來猜測一個大玻璃碗中有多少顆彈珠，並用不記名的方式回答。把所有人的回答加總起來，再除以一百，答案應該會非常接近正確的彈珠數量。如果要獲得更準確的答案，就找一千個人來做同樣的事。如果你只看本書的標題，你可能會像大多數的市場調查員一樣，想要透過群眾外包來解決你的問題。也許你會在網路上發表一個十分鐘的問卷，詢問關於在網路上訂購新燈泡，或是在四〇號州際公路旁邊購買一桶汽油的問題，並要求更詳細的回饋。然而，仔細閱讀本書的人就會注意到索羅維基想要強調，如果代理人沒有獨立思考，而是受到旁人看法的影響，那麼群眾智慧就會失去效果。

我們很好奇，如果新石器時代有社群媒體的話，農業革命會是什麼樣子。某方面來說，當時確實存在著社群媒體，因為人們會透過陶器設計，或者可能是服裝、刺青、飾品，以及其他來傳達他們的社會認同。英國考古學家史蒂夫・謝南（Stephen Shennan）首先證明，新石器時代德國的陶器設計顯現經年累月的從眾漂變模式。不過，這些都比不上現代社群媒體的傳播速度以及全球能見度。如果近東地區的第一個農夫可以將他的做法用 YouTube 傳播到中石器時代的不列顛（當時是中石器時代，表示他們還是狩獵採集者），那麼定居的村落生活和動植物的馴養就會在歐洲傳播得更快。新石器時代的人們如果有社群媒體，就可以追蹤他們最喜歡的領導人，看看現在最流行的行為是什麼。不需要沿襲無數世代，由父母傳承給子女的個別、獨立決策，例如要種什麼種子，要整理什麼田地，要儲藏什麼種子以及食用什麼種子，決策也可以由群眾外包。當人們模仿鄰居的做法以求快速解決，數千萬年來對人類助益良多，且對於土地、氣候、動物和植物的深入了解，都將成為累贅。

我們在第四章會看到，不是每個人都必須要獨立思考，至少不是無時無刻都必須要這樣。幸好，人類可以在獨立思考者和社群媒體模仿者之間切換。也許這聽起來很簡單，但是這兩者之間的平衡對於社群的行為表現是很重要的。這項研究發現，在魚群、鳥群和動物群體之間都可以看到，例如，實驗顯示一整個群體的協同行為是來自於大多數個體模仿鄰居，以及少數個體獨立行動，例如游向一個具體目標。一群魚看上去好像牠們都知道要游去哪裡，事實上，很少個體知道要去哪裡，但是藉由迅速的社會學習，牠們前進的方向會即時擴散到整個魚群。

形成期的行動呼籲

我們希望可以回到過去，仔細觀察人類經歷漫長馴化過渡期的過程。例如法蘭克·霍爾（Frank Hole）在札格洛斯山脈丘陵挖掘的一萬年前新石器時代村莊艾利科什（Ali

Kosh），他們有多常做出獨立決定，或是有多少社群思考的決定？當然，也許我們都想錯了。也許不是一段很長的過渡期、充滿發明家和借鑑家，而是更加的簡單。也許有一個人自己做出決定，認為這個團體應該要做出改變以求進步。有點像是我們先前提過的銅器時代管理方式，以下是考古學家唐納德．拉斯瑞普（Donald W. Lathrap）如何嘲諷林多斯的無意圖主張。西元前一五〇一年十二月三十一日，所謂的形成期（Formative period）初期，站在墨西哥特瓦坎谷地的陡坡，一個小族群的首領進行例行性的下午四時四十分宣布：

> 嗨，各位兄弟們，我想通了。我用我的籤柱計算，發現和沖積平原上的古老、過時的牧豆樹相比，巴蘭卡那裡的一小塊玉米田每公頃可以給我們更多的熱量。若要進步，我們只有一件事可以做。明天我們要一起到那裡，把討厭的老舊野生牧豆樹剷除，然後把整個沖積平原都種滿玉米。嗨，女孩們，你們明天也有重要的事要做，要發明那種又薄、又硬、技術上很複雜的陶器，才能配合真正的形成期。我們都必須要下定決心努力研究如何蓋出永久的房子，否則我們不會成功。

記住，這就是形成性演化（Formative Revolution）。快點趕上吧，我們要創造歷史！

就像我們先前說的，也許大家都想錯了，也許根本沒有我們想的那麼複雜。請看下一章，讓我們來說明一些探討這個議題時必須用到的常見用語。

第二章

把我們的用語解釋清楚

人們做的決定如何造就文化的演化，並不是一種刻意的過程，而是查爾斯・達爾文（Charles Darwin）在一八五九年所發表的《物種起源》（*On the Origin of Species by Means of Natural Selection*）中有寫到的一種演化過程。達爾文讓人們對自然界演化的看法變得激進，將之前「演化是生物學上的『進步』」這種觀點，轉變成「演化是一種改變的過程。」尚—巴提斯特・拉馬克（Jean-Baptiste Lamarck）在一八〇九年發表的作品《動物哲學》（*Philosophie Zoologique*）讓自然變異方向性的觀點變得普及，認為生物會獲得生存所需的一切特徵。這種「進步」的演化觀點類似於中世紀基督教的「存在巨鏈」（Great Chain of Being），也幾乎和十九世紀愛德華・泰勒以及路易斯・亨利・摩爾根的文化演化相同。雖然拉馬克的著作裡從未寫到人類，但我們認為他應該會喜歡「人類的決定會讓文化演化往人類期望的方向發展」這種想法。

達爾文將所有人聚焦在生物個體的注意力，轉移到在生物方面有關連的所有個體或物種的群體。以這種觀點來看，進行演化的是整個物種，而不是其中的個體。這很明顯地會對我們之後針對意圖和結果的討論產生重大影響，因為它們和決策有關。對於達爾文來說，各物種之間在演化上的差別是來自於「經過改變的繼承」，再加上自然選擇，作為改變的推手。因此，他在一八五九年發行的《物種起源》完整書名中就包含自然選擇這個詞。

演化用語

有時候，說明演化時會遭遇到一些困難，因為它的核心術語都是一些日常生活中會用到的字，尤其是選擇（selection）、漂變（drift）、適應（adaptation），以及適存度（fitness）。相反地，粒子物理學之中，聽起來很奇怪的術語：夸克、介子、輕子，就擁有明確、獨特，不會改變的定義。我們不可能把它們跟日常生活用語搞混。舉例來說，我們不可能會說「你拿了我的渺子（muon），是嗎？」或是「我現在要去微中子中心運動了。」然而，人們會使用漂變或適存度。就連演化這個字都隨處可見，從護髮產品到謎幻樂團（Imagine Dragons）的另類音樂專輯名稱。「演化」時常被使用在刻意的、個人的進步，這樣人們就更難了解演化過程了，例如有些簡潔的建議會叫你「演化成更加關愛的意識」。簡單來說，演化時常被和「改變」結合在一起。

這就是為什麼我們使用演化的用語前，必須先把它們解釋清楚。我們先從演化這個字開始。借用動物行為學家約翰·恩德勒（John Endler）的定義，他將演化定義為：「一個或一群生物經過數個世代後，在特徵方面，任何方向性的淨改變或累積的改變。」這裡要注意一個陷阱：演化確實是改變，但是改變卻不一定是演化。達爾文的演化必須要有四個條件同時達成：第一，一群生物之中，每一隻所擁有的特徵會稍有不同。第二，有些特徵比其他特徵更有優勢。第三，突變是會遺傳的，也就是說可以傳給下一個世代。第四，有一種篩選的方法，會剷除那些較不具有優勢的個體。最後一項過程就是「選擇」。在日常用語當中，選擇的意思是刻意從選項當中做出決定。不幸地，這個定義會讓人覺得「選擇」是刻意決定哪些生物可以生存，哪些生物不行。達爾文說得像是「選擇」是生與死的最終裁決者，然而這並不是他想表達的。「選擇」並沒有做出任何選擇，它只不過是一個過程，而最終結果是有些生物活下來了，有些生物則沒有。

相關的詞彙有適應（adaptation）以及和它很相近的適應程度（adaptedness），更常使用的是適存度。演化的適存度是指一個生物處於一種狀態，這個狀態是來自於牠的演化歷史。或者我們用達爾文的方式來形容：牠從某個祖先身上繼承了這個狀態，而那個祖先也是代代繼承下來的。而「適應」則比較難懂一點，因為它既代表物種中的個體經過代代相傳，變得越來越適合生存和繁衍（也就是說適存度變高）的這個過程；也代表一個生物或一群生物因為自然選擇而獲得的某種特徵，這種特徵有特定的功能，讓具有這種特徵的生物的適存度變得更高。

演化的過程並不是只有選擇和適應。另一個時常被誤解的過程是漂變，它是演化過程中的隨機要素。在選擇的效果不大時，它最容易被注意到。某種特徵的基因不受到選擇的影響，就有可能隨機在不同世代中漂變，直到這種動物中的每一隻都擁有這個特徵。它在這種動物中變成固定存在的特徵，或者它就此消失，沒有任何個體擁有這個特徵。我們等一下會提到，文化特徵也可能以平行的方式漂變。

漂變也代表某個物種之中，會影響不同特徵出現的機率的隨機要素，無論是基因還是文化上的。我們以一隻美國西部的母美洲獅為例，她在她的族群中擁有最高的適存度。她擁有銳利的視力、良好的嗅覺、身為母親的優異直覺。她不會讓其他美洲獅欺負自己，無論是公的還是母的；她幾乎可以在眼睛被蒙住的情況下狩獵；她生下兩隻小獅子，看起來就像她的縮小版。雖然她對公獅一律表現出不信任的態度，但她光滑的毛皮和其他顯示她可受孕的外在條件，仍然讓她成為一個理想的伴侶，所有的公獅都明白，而所有嫉妒的母獅也都明白。有一天，她在高處狩獵，這時下起了雷雨，她被雷擊中而死亡。這就是我們所說的，演化之中的隨機要素。即使以適存度來說，她是最頂尖的，但是一次偶發事件就能帶走她的性命。選擇並沒有參與造成這個演化結果。要注意，她生了兩隻小獅子，如果牠們能活下來的話，就能把她優秀的基因傳給下一代。然而，如果我們把小獅子帶走，她的適存基因就這麼滅絕了，就只是因為一次偶然的雷擊。

對於人類和人類所做的決定來說，以上這些有什麼意義呢？適用於生物領域的演化過程，在文化領域裡也一樣適用。以經過改變的繼承來說，文化的選擇就像生物的選擇一樣，文化的漂變也類似於生物的漂變。說得更明確一點，我們來看看兩個虛構的案例，兩者皆著重於酒吧裡的男人。在第一個情境裡，我們的主角今年二十幾歲，單身，正在尋找女朋友。他還和父母住在一起，並在當地的五金行工作，但是他知道，在人群之中脫穎而出是很有效的，所以他早上起床後，穿上亮紅色的聚酯纖維襯衫，解開幾個扣子，好露出胸毛和金項鍊；把衣領拉出來，露在黑色皮革外套外面；再努力塞進黑色緊身褲，穿上閃亮的紅色靴子後，他就準備好迎接這一天了。他在人行道上昂首闊步，對著路過的每一位女性微笑並拋媚眼。下班後，他回到父母家的地下室，換上粉紅色的聚酯纖維長褲、印花上衣、紅色皮革外套，再度穿上紅色靴子和金項鍊，前往當地的夜店。

夜店裡的女孩看見他時，是會在他身邊昏

圖片來源：Paramount Pictures

倒，還是嚇得半死，拿防狼噴霧噴他？當然，答案取決於這件事發生在什麼年代。我們剛才形容的是約翰．屈伏塔（John Travolta）在一九七七年的電影《週末夜狂熱》（*Saturday Night Fever*）中的角色：東尼．曼尼洛（Tony Manero），那時候是迪斯可時期的巔峰。在當時，他的服裝和態度可是非常有效的，因為當時大家或多或少都是打扮成那樣。然而，如果現在的年輕男孩想要效仿他，也許就不能在街上對女生拋媚眼了，他可能穿一樣的衣服，但目的是要讓人感覺到他是刻意在搞怪。或者他可能是認真地做出一模一樣的打扮，並大聲宣揚約翰．屈伏塔這名演員有多棒。無論哪一種方式，都是為了讓人覺得他很有魅力，或是搞怪得很有趣。與平均數相差一個標準差，你還不會被當成一個異常的怪人；與平均數相差四個標準差，你就很有可能會被噴防狼噴霧了。

重點就是，服裝是必要的，但魅力卻會隨著時間而改變。大致上，服裝是「適應」，因為可以增加我們的適存度：讓我們不會被凍死，更重要的是，讓我們有機會繁衍。無論你穿聚酯纖維彈性褲、絲質長襪，還是羊毛褲，你都會感到溫暖，但是如果要吸引伴侶，那麼時間和場合也很重要。時尚帶來的繁殖適存度和保持溫暖不一樣。現代的時尚都是受到漂變的影響：顏色、材質和風格，很少會受到選擇的影響。某種程度來說，是我們在

「選擇」。我們自行決定要穿什麼，但是我們做出的選擇早已經過服裝設計師和市場調查的篩選。雖然我們這樣說會比較簡單，但是這時候漂變並不是「隨機」的，因為我們能夠做出的選擇有限。設計師和行銷人員知道哪些衣服賣得好，哪些衣服賣不好。

然而，說到史前的服裝，漂變和選擇就維持在不一樣的平衡狀態，觀察考古學所謂的沼澤木乃伊就可以很明顯看出這點。西元前一三七〇年的夏天，在現在的丹麥艾特韋（Egtved）附近，一個北歐青銅器時代的女人被裝在橡木棺材中埋了起來，她穿著一件羊毛編織的短版無領上衣，羊毛材質的及膝裙，羊毛編織的皮帶，銅製的皮帶扣上面有螺旋裝飾，一個耳環與髮網。這些物品之中，哪些是受到選擇的影響、哪些是漂變呢？使用羊毛是受到選擇的影響，不僅因為羊毛即使濕掉了，仍然可以提供保暖效果，更因為牧羊這種適應性做法在北歐已經有數千年歷史。但是短版的無領上衣，或是皮帶扣上的螺旋裝飾呢？這一定是北歐青銅器時代的流行時尚。

讓我們離開丹麥，回到虛構的美國夜店，現在變成了西部鄉村風格的舞廳。我們要借用麥克的一位多年老友兼合作者，考古學家鮑伯・雷納德（Bob Leonard）所說的故事，向大家介紹兩位酒保。他們兩個都是當地最厲害的酒保，精心製作客人點的酒，擅長聊天對話，而且也知道何時該制止喝太多的客人。他們喜歡生意繁忙的夜晚，因為有小費。事實上，這兩個人的一切都很相似，只有一個看似微小的細節有所不同。一位酒保是用普通開瓶器來開啤酒，另一位是使用裝設在吧檯後方，水槽上面的老式開瓶器。一開始我們會覺得，為什麼這一點會在適存度上造成微小的差別？兩個人都可以用這兩種工具打開啤酒瓶然後拿給客人啊，「要使用哪一樣工具」這個決定難道不是單純的隨機，也就是漂變的產物嗎？當然，這並不能影響一位酒保的適存度，畢竟開瓶器就是開瓶器，能用就行。除了各種不同形狀和大小的開瓶器之外，還有賣酒的商店會贈送的花俏開瓶器、瑞士刀，甚至是小型載貨卡車的車內鎖，都可以用來開啤酒瓶。

依照鮑伯的說明，對於我們大部分的人來說，不同種類的開瓶器之間，開瓶的效率並不會有很大的差別，因為我們一次也只會打開幾瓶啤酒而已。也許在後院烤肉時使用某種開瓶器會比較有效率，而野餐時則是另一種，諸如此類，但是畢竟我們一次只要打開幾瓶而已，選擇不同的開瓶器完全不會影響我們的適存度。然而如果是酒保呢？我們來看看鮑伯舉例的這兩個角色，並找出答案。我們注意到，每個晚上傑瑞德使用裝設在吧檯後方的開瓶器，每分鐘可以打開六瓶啤酒，每瓶啤酒平均可獲得十美分的小費。也就是說，每小時三十六美元，值班六小時就是二百一十六美元。羅尼使用普通開瓶器，每分鐘打開五瓶啤酒，這就表示他的效率比傑瑞德少了一七％。有人可能會問：「所以呢？這個差異很小啊。」我們繼續說下去。小費是相同的，所以羅尼每小時可獲得三十美元，值班六小時可獲得一百八十美元，比傑瑞德少了三十六美元。

這兩位酒保願意讓我們將實驗延長到一年，我們假設他們一年工作二百六十天，傑瑞德賺的錢就會比羅尼多出九千三百六十美元。現在我們要談到金錢的實際面了。實驗結束後，我們發現羅尼無法為家人提供足夠的食物和衣服，許多帳單也都付不出來。他的妻子離開了他，債主瘋狂地敲著門，這一切都是因為他使用了一個「只不過」比另一個人慢一七％的工具。順帶一提，傑瑞德開著全新的凌志汽車（Lexus），身邊還有一位美麗且懷有身孕的妻子。他開著休旅車接送孩子去上私立學校，而羅尼的孩子不在他家，因為妻子把孩子們帶走了。羅尼開始想著，聲請破產是否可以阻止討債人打自動語音電話過來，追討他拿去貸款的別克汽車。

鮑伯要強調的重點是，微小的差別逐漸累積起來（只不過慢一七％而已）經過一段時間後就會對適存度造成影響。在我們的虛構情境中，效率代表著小費，但還可以代表節省力氣。雖然每一次打開瓶蓋所要花費的力氣很小，但是在一生之中，這些力氣可以花費在其他地方，例如繁殖或照顧後代，這可能很重要。一項科技從前一個世代傳承下來，如果它會影響生育率，那麼就是在演化上產生影響。想像一座新石器時代的村莊，有一百個居民，他們種植單粒小麥，這讓他們的人口可以每年增長一%。然而，上游五十公里處的一個村莊卻有養牛，他們不僅可以喝牛奶、吃起司，還能用多餘的起司來交易獲得小麥，用小麥來做麵包。這個村莊的人口每年增長二%。其他條件都是平等的，經過一個世紀以後，養牛的村民人數將會遠遠超過種植小麥的農夫。現在先忽略其他要素，例如移民或是模仿成功的鄰居，這些我們在之後的章節會討論。這裡的重點是，做決定時微小的改變以及相關行為可能會讓一個群體勝過另一個群體，而每一個群體可能都沒有注意到這件事情正在發生。再一次強調，個人的決定一旦加總起來，就可能會對演化產生很大的影響。

經濟用語

大多數的行為科學都充滿這樣的研究，或至少是這樣的假設：見多識廣的人所做出的行動通常都是為了追求自身的利益。這種觀點可以追溯到早期的經濟學。亞當・斯密（Adam Smith）一七七六年出版的《國富論》（*Wealth of Nations*），就是建立在自身利益的主張上。一八三六年，約翰・史都華・彌爾（John Stuart Mill）寫道，政治經濟學的領域「是有關（人）想要擁有財富，而且可以判斷取得財富的方法的比較效益」。他這句話的意思是，「最低程度的勞動和實際的自我克制」。說得通俗一點，彌爾的觀點被稱作經濟人（Homo economicus），十九世紀晚期，有一部分彌爾的批評者懷疑人類無法完美地控制風險、報酬，以及要達到期望的結果必須使用多少勞力。雖然沒人真的認為人類是如此全知全能，完美的計算決策者，還是有許多人爭論「理性決策」作為一個基本經濟假設到底有沒有意義。舉例來說，過去二十年的諾貝爾經濟學獎得主對於這個重要議題有著截然不同的立場。

在這裡有三個經濟學用語很重要：效用（utility）、搜尋品（search good），以及經驗品（experience good）。這些用語背後的概念也許在數學上非常複雜，但我們會盡可能簡化。「效用」代表喜好。舉例來說，你比較喜歡巧克力牛奶還是原味牛奶？你喜歡其中一個的程度比另一個高出多少？這些問題是假設你可以自由地選擇其中一種，沒有限制。如果是別人買給你，也許你會想要比較貴的巧克力牛奶，但是如果你自己在超市買東西，你可能會購買原味牛奶，因為你認為不值得付更高的價格來購買巧克力牛奶。這樣看來，效用就是我們在購買某樣產品或做某件事情時所獲得的滿足感。如果人們覺得看達拉斯牛仔的比賽所獲得的滿足感，是看電影的五十倍，那麼他們就會花五十倍的錢去看達拉斯牛仔的比賽。這就是效用函數（utility function）：當有許多選項，但預算有限時，我們會選擇能夠獲得最大程度滿足。雖然我們無法在人類的心理活動上真正觀察到效用函數，但是神經科學家在這方面已經有所進展，而經濟學家則利用行為方式作為替代，例如統計消費者購物車裡面的商品。

「搜尋品」是指消費者已經知道效果的產品，所以他們會去搜尋價格最低廉的。因此稱為搜尋品。便宜的酒精飲料（例如四十盎司的罐裝麥芽酒）的銷售，通常代表你花這個價錢可以喝得多醉。艾力克斯的一位朋友在拿到布朗大學的醫學博士後，決定回去接管家族事業，將回收紙類做成車行用的紙巾或巴士用的衛生紙。這位曾經飛去印度協助緊急事故的醫學博士，如今卻說最讓他雀躍的工作就是用卡尺測量捲筒衛生紙的厚度。無論產品的包裝如何、吸收力如何、材質如何、行銷方式是什麼，顧客永遠只會問一個問題：多少錢？這是決定要不要購買時最關鍵的重點，所以每一磅的單價（也就是卡尺測量）就是公司最重視的。（這位朋友後來在矽谷創業，變得快樂多了。）

搜尋品就是你已經知道它的效果，所以會去尋找最低價格的產品，而與它相反的是，有些產品你必須試用過後，才能知道它的效果是否有好到值得換用這個新的，捨棄平常習慣的那個舊的。你也可能會去購買那些喜好與你相近的使用者所購買的產品。這樣的產品被稱為經驗品。製造商知道消費者在做決定時並不具備所有的必要資訊，所以即使是在不同的市場，價格也會維持在差不多的地方，因為製造商擔心如果和競爭者相比，價格訂得太過低廉，會讓消費者覺得這是品質低落的象徵。看來對於消費者來說，與選擇牙膏相比，選擇健康保險計畫是更為困難的，雖然這兩種行為都是基於選擇。對我們來說，下決定的過程是最重要的。那麼，有些產品即使體驗過後，消費者還是不能知道它的效果是什麼，這時候要怎麼辦？這種產品稱為後經驗品（post-experience good），營養補充品公司透過這種產品賺了很多錢。相對於美國食品藥物管理局（FDA）這類提供第三方資訊作為公共服務的政府機構，民間的評測公司靠這樣賺了很多錢。

好了，目前用語和定義說到這邊就夠了。接下來我們會持續介紹更多，但前面這些已經足夠讓我們開始了。翻到下一章，我們要簡短地看一看「決定」一開始是如何形成的。

第三章
團隊與適存度

決策始於心智，但心智與大腦有何不同？柏拉圖與亞里斯多德，哲學家、數學家、心理學家、人類學家和神經科學家，都對這個問題有過爭議。站在三萬英尺的觀點，我們將大腦視為實體物質：三磅重的灰質，具有一千億個神經元，每個神經元與其他神經元之間有大約七千個突觸連結，以組織與處理心智傳遞過來的想法、信念、判斷和偏見、觀感和記憶。在前額葉皮質進行的決策，加上其他執行功能，是召喚信念、記憶的認知程序，利用它們來產生可能的行動步驟，接著再由可供選擇的方案中挑選。雖然大家往往這麼認為：心智其實不只是表達大腦，而是表達全身。舉例來說，胃的飢餓引發大腦的直接回應，這其實是太過簡化的說法。相反的，飢餓引發心智的決策回應，而後者是在大腦的前額葉皮質區進行。

在短暫、有壓力的工作休息時間，我們或許會選擇在哈帝漢堡（Hardee's）吃個現成的一千三百四十大卡「怪獸厚漢堡」，而不會選擇街角雜貨店的胡蘿蔔與豆腐。到了週末，我們有更多時間可以思考我們的選擇，或許就會決定要吃多汁的碳烤牛排，而且想起上回吃的時候超級美味，便打算約一些朋友來分享。這種預先規劃的能力，是人類與其他生物不同之處，至少就我們所知的。放下一碗愛寶（Alpo）狗糧，你的狗狗會跑過來，牠不會預先規劃或邀請別的狗狗來分享。然而，對人類族群而言，用餐規劃可能很複雜，視社會環境而定。例如，在傳統社會，食物決策具有重大意義，分享食物可以增進聯盟，提升提供者的特權，或是對他人施展權力。

如果不是大腦，而是心智做出決定，亦即在不同選項之中做出一個選擇，那麼團體心智，例如一支團隊或委員會，或許可視為集體心智，做出集體決策。好的領導者了解並且時常管理每個人對團體決定的貢獻，像是創意的人、講究細節的人、唱反調的人、附和最後建議的人等等。無論是在公司董事會或者籃球場上，一個人是否適存有一部分是取決於他的隊友是否適存。當然，團隊的適存度是個人適存度的總合。我們將在本章稍後再回來談個人與團體之間的重要差異，探討一支團隊在個人特質的總和之外，是否還有其他特質。不過，現在我們要來討論個別球員決定去留時，對一支球隊的影響。我們使用職業籃球作為範例。美國職業女籃聯賽WNBA二〇〇二年度最佳新秀塔米卡・卡欽斯（Tamika Catchings）是一個有趣的案例。她領導印第安納狂熱（Indiana Fever）贏得該年度五〇%的比賽，前一年則為三一%（卡欽斯的教練是帕特・桑密特（Pat Summitt），她堪稱田納西大學史上最佳教練）。在她的最後一個賽季，二〇一六年，印第安納狂熱贏得五〇%的比賽，但之後一年，該支球隊僅贏得二六%的比賽。同樣的，二〇〇三年選秀選上雷霸龍・詹姆斯（LeBron James）之後的球季，美國職籃NBA克里夫蘭騎士（Cleveland Cavaliers）贏得四三%的比賽，前個球季則為二一%。二〇一〇年詹姆斯轉戰邁阿密熱火，騎士隊勝率由七四%直直落到二三%，熱火隊則由五七%飆升至七〇%。騎士隊於二〇一四至一五年球季再把詹姆斯要回來以後，勝率由四〇%升至六四%，而熱火隊則由六六%跌至四五%。很明顯可以看出某些個人對一支團隊極為重要。

然而，根據一項NBA球隊的研究指出，「沒有一項指標可以全然預測成功」。為什麼預測勝出的球隊如此困難？我們懷疑，在這些傑出球員實際加入球隊之前，真的有人預測到卡欽斯或詹姆斯對於各自球隊勝率提升的幅度嗎？在一支新球隊打得好，並不是那麼容易預測。實際上，許多受到高度評價的大學運動員，甚至是海斯曼獎得主（Heisman Trophy，譯注：每年一度頒發給美國大學美式足球最佳球員的獎項）強尼．曼塞爾（Johnny Manziel）和提姆．提伯（Tim Tebow），都沒有在NFL美式足球打好。相反的，很多最佳職業球員，例如四分衛湯姆．布雷迪（Tom Brady）、布雷特．法夫爾（Brett Favre）和柯特．華納（Kurt Warner），在大學時代並不出色。我們來仔細討論NFL四分衛和他們的決定，以及選上他們的球隊的總和決策。在這之前，我們將重新提到前一章的兩個主題，選擇與適存度，以及這兩個主題在兩個層次的運用。尤其是，選擇是否只適用於個人層次，抑或同樣適用於集體層次？

不只是扔得遠

美國對四分衛極為喜愛，因為他們是一支美式足球隊伍的代表。四分衛不只領導球隊，同時引領他們的性格。如果不是領導型人物，他在四分衛的位置就打不久。無論是小球隊或NFL都一樣。一般而言，由於身為關注焦點，四分衛因為嚴格的飲食與運動而體格出眾，但是如果我們訪調本地健身房的一百位男性，其中僅一位是NFL四分衛，我們或許很難挑出來這個人。不過，如果你生長在一九六〇年代，你或許記得華盛頓紅人隊的桑尼·約根森（Sonny Jurgensen）和比利·基爾默（Billy Kilmer）等人，他們的大肚腩跟大口吃肉大口喝酒的死忠球迷沒什麼兩樣。在那個年代，除了去基督教青年會（YMCA），民眾沒什麼地方可以健身，而在NFL，球員抵死不健身，反正球一樣打得好。

無論在球場上或球場下，球員的決定對於球隊的成功有著極大影響，這也是NFL為何將溫德利人事測驗（Wonderlic Personnel Test）納入選秀前年度聯合測試營（Scouting Combine）。在這項活動，頂尖選秀球員受邀在三十二支球隊之前打球。在今日複雜而快速的進攻，有個能夠扔七十碼及四十碼衝刺跑四·八秒的四分衛是很不錯的，但是他必須能夠吸收大量資訊而且很快想起來。需在十二分鐘回答五十個問題的溫德利人事測驗，並不是可以準確得知卓越決策的測試。畢竟，匹茲堡鋼人隊泰瑞·布萊德肖（Terry Bradshaw）的測試只拿到十六分，但他出賽的四次超級盃全部拿下冠軍。話雖如此，我們稍後將談到，演化或許不是這麼一回事。

選拔湯姆．布雷迪

在決定選拔哪些球員，尤其是四分衛，NFL人員面臨艱難而且時常令人揪心的決定，尤其是NFL球迷有著「你今天最好全贏」的心態。NFL選秀只有七輪，意思是每支球隊只能選七次，不過可能往上選或往下選，視各隊選人的情況而定。由三十二支隊伍長久觀察可能人選的速度、協調、力量、智力和性格來看，各個球隊的最佳球員名單可能很雷同。不過，隨著選秀開始及球員被選走，情況便迅速變化。你最好備妥B計畫、C計畫和D計畫。為了了解情況，我們來回顧二〇〇〇年新英格蘭愛國者（New England Patriots）的選秀。愛國者甫於一九九九年賽季結束後開除教頭彼特．卡洛（Pete Carroll），換上比爾．貝利奇克（Bill Belichick）。愛國者營運辦公室相中密西根大學的四分衛湯姆．布雷迪，他們知道他具有領袖技能，但體能技能可能不足。他在大四那年未能出任密西根的開球，而且他在選秀前體測的表現普通，四十碼衝刺跑了五．二秒。大多數線鋒都跑得更快。

選秀結束時，二五四名球員被選上。愛國者以第一九九順位選走布雷迪，而且是第六輪最後選上。布雷迪之前有六名四分衛先被選上。聽說過史伯根・韋恩（Spergon Wynn）或喬凡尼・卡馬齊（Giovanni Carmazzi）嗎？或者提・馬汀（Tee Martin）？大概沒有吧。其中兩人始終沒在NFL上場過，韋恩則打過三場。雖然選秀順位低，布雷迪後來成為NFL史上最偉大的四分衛，而且是NFL選秀史上最大黑馬，贏過五次超級盃冠軍（譯注：已增至六次），另外三次亞軍。這是運氣、實力，或是兩者兼具？當然，其中也有一些運氣，因為其他球隊有可能在愛國者之前選走他。如果這樣的話，我們可以把那個因素稱為「漂變」，我們在第二章提到的演化隨機發生事件。但是非隨機發生事件：「選擇」呢？高IQ無疑可以讓個人預先適應一些活動。這不表示他們都會成功，四分衛需要運動能力和成功動力，但在競爭的世界，任何優勢都可派上用場。選擇與適存度可發揮小小的優勢，無論我們談的是美式足球四分衛，或者我們在第二章提到使用不同種類開瓶器的酒保。

以布雷迪來說，他在選秀前體能測試的表現嚇跑許多球隊，愛國者想要賭他在選秀結束時還不會被選走。這是一招險棋，但這項決定值回票價，因為他們可以在他之前選擇他們需要的其他球員。愛國者看到什麼其他隊伍沒看到的？是不是有某種徵兆顯示布雷迪日後將極為出色？我們或許永遠無從得知。事實上，當時愛國者的球員人事副總監史考特．皮奧利（Scott Pioli）或許也不知道。在事後，他或許會說是他的直覺，或者是布雷迪的溫德利人事測驗拿到三十三分，高於在他之前被選上的另外六名四分衛，而且遠高於其中多數人。話說回來，選擇本來就是依據優勢，這才是重要的。就布雷迪來說，他的優勢是智力高，熟悉球賽，而這是他練習及觀看影片數千小時鍛鍊出來的。

在選擇布雷迪時，皮奧利和愛國者把一些長久以來的經濟原則拋諸腦後，用直覺或者使用其他行為代替理性預期和效率市場。經濟學家凱德．梅西（Cade Massey）及理

圖片來源：Joseph Sohm, Shutterstock

查・塞勒（Richard Thaler）在一篇題目聳動的論文〈輸家的詛咒〉（The Loser's Curse），提出有趣的行為經濟學看法。他們的前提是心理因素導致球隊高估在選秀時早早便可選到的機率，於是他們進行交易，往往犧牲許多低順位選秀，甚至未來數年的選秀權。梅西和塞勒使用選秀日交易的數據、球員表現和薪酬，比較選秀球員的市值與他們為球隊帶來的超額價值。當然，他們發現高順位選秀球員被大幅高估。這種行為在效率市場是不會發生的。

這項研究吸引了NFL球隊老闆的注意，華盛頓紅人隊的老闆丹尼爾・史奈德（Daniel Snyder）迫切希望聆聽塞勒的策略，真的找他商談。史奈德後來指派一些管理球隊的人員和塞勒保持聯絡。很顯然，他們有沒有聽懂並不重要，因為史奈德從來沒有聽從這名日後成為諾貝爾獎得主的意見，總是倉促地交易高順位選秀，以換取眼前的成功，可是幾乎沒有成功過（史奈德當球隊老闆的十八年間只打進過四次決賽）。舉個例子來說，在二〇一二年選秀時，華盛頓紅人隊用那一年第一輪與第二輪選秀權，加上二〇一三與一四年第一輪選秀權，跟洛杉磯公羊隊交換第二順位的球員，也就是羅伯特・格里芬三世（Robert Griffin III），他在貝勒大學打四分衛，表現優異。在新人的球季他打得很好，但是因為前十字韌帶斷裂，體能大不如前。就他們持續放棄的選秀權而言，紅人隊可說兩頭落空。（NFL球隊老闆請注意：請保留第二輪與第三輪選秀權以抵銷漂變效應，明星運動員可能因為漂變而報銷，跟第二章提到的母美洲獅一樣。）

神經可塑性與倫敦計程車司機

接下來談一個有趣的想法：我們所做的決定，尤其是在持續強化之下，是否可能在大腦留下可探測到的改變？當然，我們知道大腦具有神經可塑性，意思是它可以改變構造與功能，以回應實際與想像的體驗，可是能否以實際可辨識的方式改變？學習複雜的NFL防守，尤其是精密的傳球路線，是否會導致四分衛的大腦產生我們實際可見的實質改變？我們並不確定，不過可以從倫敦計程車司機的大腦來找尋線索。為了拿到在倫敦市區開計程車的執照，你必須具備知識，在腦海裡熟記查令十字（Charing Cross）火車站方圓六英里內的大約二萬五千條街道巷弄，更別說數千家飯店、劇院、餐廳和地標。經過四年的訓練，包括牢記藍書（Blue Book）列出的三百二十條路線，加上每條路線起點及終點方圓四分之一英里內的所有道路和地標，應徵者必須站在一名主考司機面前，接受一連串嚴格的考試，主考官可能詢問用最短時間由甲地到乙地的最微小細節。這是全世界其他地方的計程車司機都沒有的考試，而且自一八六五年以來即實施。

二〇〇〇年，艾蓮諾．麥格里（Eleanor Maguire）和她的倫敦大學學院同僚為一群受訓的計程車司機進行神經成像，比較他們大腦的磁振造影與記憶表現。他們發現，牢記複雜的倫敦地圖，造成海馬體後部的灰質體積較多，大腦這個部位負責將短期資訊整合到長期記憶，以及空間定位。相反的，不及格的受訓司機或是主考官的腦部並未觀察到構造改變。他們在公車司機身上也沒有發現這類改變，公車司機按照既定路線開車，而不必當場決定兩個地點之間的最短路線。

這不是說有大海馬體的人傾向於去做計程車司機，而是說開計程車似乎擴增海馬體的灰質體積，因為海馬體灰質體積與開計程車多少年之間具有正相關，而在計程車司機退休後，擴增的體積便逐漸減少。取得這種倫敦空間知識或許要付出代價，可能是海馬體前部體積縮減。在測試中，計程車司機往往顯示出對某些種類的新視覺資訊學習與記憶不佳，例如遲遲才回想起複雜的圖形。

麥格里和她的同僚指出，這些發現具有先天與後天爭議的意義，他們指出，類似空間記憶等高認知功能的生物學相關行為，可能誘發明確、持久的腦構造改變。它們亦可用來探討人類決策運作的範疇。學習倫敦街道路線及學習每個接球員與跑衛，在各種防禦隊形的傳球路線極為相似。和倫敦計程車司機一樣，布雷迪具有知識。我們不知道布雷迪的大腦在他職業生涯的期間發生何種改變，可是我們可以做出一個合理的猜測：海馬體後部的灰質體積增加。

如果和可是

一項決定即使做出最細微的修改，便可能讓一組決定產生許多不同結果，這實在令人訝異。假如我們可以讓生命倒帶，事情將有不同的發展。古生物學家史蒂芬．傑伊．古爾德（Stephen Jay Gould）在一九八九年著作《壯麗的生命》（*Wonderful Life*），以加拿大西部伯吉斯頁岩的中寒武紀動物群為例說明這點。古爾德巧妙地借用法蘭克．卡普拉（Frank Capra）一九四六年的電影《風雲人物》（*It's a Wonderful Life*）作為書名，劇中描述詹姆斯．史都華（Jimmy Stewart）所飾演的男主角想要輕生，但是天使帶他回到過去，讓他明白假如他沒有出生的話，世界將會大不同。古爾德的重點是，如果我們可以回到五億年前，做出細微的環境改變，好讓一個或兩個屬（genera）的寒武紀動物群不要出現，生命將會是如何？或者假設我們可以阻止消滅數十屬生物的大規模事件，例如海底山崩？那麼生命會是如何？我們今日還會存在嗎？他的重點是，生命並不是一連串隨機事件。相反的，生命是連續的附帶事件，亦即沿途的每一步都是先前事件所附帶的。我們可能一直看到這些腳步嗎？不，當然不行。但是哲學家丹尼爾．丹尼特（Daniel Dennett）對於達爾文的天擇說做出很棒的詮釋，他指出，該理論的優點不在於可以證明歷史，而在於證明在一些特定情況下，可能會有何種結果。

我們所做的每項決定都是附帶事件，無論是在個人層次：你決定買一輛車，或者是在群體層次：我們每個人都開始到亞馬遜網站購物。而那些決定往往可能影響到適存度，而且可能比我們想像的更加頻仍。問題是，這在群體層次與個人層次同樣適用嗎？在個人層次，布雷迪的適存度確實受到被新英格蘭愛國者選上的影響，球隊老闆羅伯．克拉夫特（Robert Kraft）與愛國者營運辦公室已打算花一筆錢來建立一支勝利球隊。如果克里夫蘭．布朗（Cleveland Browns）在第一八三順位選的是布雷迪，而不是史伯根．韋恩，會怎麼樣？布雷迪在克里夫蘭會像在新英格蘭同樣成功嗎？他在布朗的球隊會像在愛國者隊一樣賺進二億美元，僅次於培頓．曼寧（Peyton Manning）和伊萊．曼寧（Eli Manning）嗎？他會遇到甚或娶到超模吉賽兒．邦臣（Gisele Bündchen）嗎？她自己一年便有四千七百萬美元收入，兩人還生了兩個可愛小孩，外加他先前已有的一個兒子。他會在麻州布魯克萊恩（Brookline）購置一間豪宅和曼哈頓一間閣樓公寓嗎？或者，像我們在第二章提到的酒保羅尼，他會是無妻無子，開著已拿去抵押融資的別克車？

我們永遠無從得知，但是我們為什麼要在意可能發生的事呢？這好比在達拉斯牛仔隊多年的四分衛唐．梅瑞迪斯（Don Meredith）在主持《週一夜足球》（*Monday Night Football*）時曾說過：「假如『如果』和『可是』像是糖果配堅果，那不就是耶誕快樂了嗎？」我們確實知道的是，效力於愛國者隊以正面方式影響了布雷迪的適存度，而這才是唯一重要的。而這似乎也影響愛國者隊的適存度，包括為球隊老闆克拉夫特增加四十億美元的身家淨值。這又連結到貫穿本書的一個有趣主題：群體選擇。

為什麼只談個人

或許在演化生物學引發最多爭議，有時是惡質爭議的主題正是群體適存度？為什麼會這樣呢？行為無法同時有益於個人及群體嗎？一些生物學家與哲學家認為可以，包括愛德華．威爾森（E. O. Wilson）和艾略特．索伯（Elliott Sober），可是更多人贊同哈佛大學心理學家史蒂芬．平克（Steven Pinker）所說的：「群體選擇在心理學或社會科學毫無用武之地。如果一個人具有先天特質，鼓勵他對群體福祉做出貢獻，進而增進他個人福祉，群體選擇便沒有必要；在群體生活框架內的個人選擇便已足夠。」

生物學家喬治．威廉（George Williams）以鹿群為例，說明個人與群體選擇之間的差異。請想像一大群鹿，和一群排成隊伍的鹿。這可不是同一件事。首先，比起隊伍外圍的鹿，排在隊伍裡的鹿可以更輕易地逃離掠食者，因此，就適存度而言，我們或許會說排成隊伍的鹿比其他鹿群更適存，並且會更加傾向排成隊伍，因為隊伍裡的鹿躲過了掠食，因而可以繁殖更多後代。但這裡事有蹊蹺：選擇顯然有利於鹿群，但我們不能說鹿群具有不同於單獨個體的特質。換句話說，隊伍有利於單獨鹿隻的演化適應，而不是牠們所處的群體。然而，就上述平克的論點來看，排成隊伍的鹿會對群體福祉做出貢獻，因為牠們的基因更有機會傳遞下去。

布雷迪因為被愛國者隊選上而增強他的適存度，這是毫無疑問的。我們看到，他一開始的時候便具備優勢：智力與動力的選擇優勢，而且優勢與時俱進，不僅因為他努力不懈地鍛鍊自己：這是一項刻意的決定，也是因為他在場內與場外都圍繞著優秀的人。同時，愛國者隊因為選擇布雷迪並讓他圍繞著優秀人士，自一九九四年克拉夫特入主球隊以來，贏得五座超級盃獎盃及年年比賽座無虛席，且相對於NFL其他球隊的人員，也使得愛國者隊其他球員的適存度提高。總計是二百六十一場比賽，還不包括季前賽與季後賽，場場爆滿。

顯然，對布雷迪有好處的事情，對愛國者隊也有好處，只要他保持健康與表現良好。不過，我們要記住，對愛國者隊有好處的事情，未必對布雷迪有好處。有關群體選擇的討論中有時會出現「利他主義」，但許多生物學家及行為科學家並不認同。他們認為，看似利他主義的行為，其實是影響到執行這種行為的個人適存度的決定。這種說法的真實性很難辯駁。我們只能想出幾個勉強合格的案例，例如一名士兵撲身壓住一枚手榴彈（雖然我們在這個案例持相反立場），或者是你給一位女侍一百美元小費，而你知道自己永遠不會再見到她。這些例子充其量是恰好證明利他主義的例外案例。約翰．泰拉（John Terra）於二〇一五年一月在他的網站 FanRag Sports 發布一則貼文，提出他的看法，但我們認為還可以由演化的角度來看。在先前一週，布雷迪甫決定重新調整和愛國者隊的協議，讓愛國者隊可多出二千四百萬美元買下其他球員。泰拉指出，這對布雷迪來說是一項冒險，因為愛國者隊不會因為減他薪水而被罰款。他寫說：「擁有湯姆．布雷迪，新英格蘭愛國者隊應該要謝天謝地。不僅是因為他替球隊贏得三次超級盃冠軍，並協助拿下另外兩次，也是因為他可能是這世上的大好人。很少球員願意放棄講好的薪水，不是只放棄一次，而是兩次，尤其是攸關數百萬美元。」我們不懷疑布雷迪是個好人，但從演化觀點來看，如果他保持健康的話，他做出的這項個人決定，將為他在生涯下一章賺到比二千四百萬美元多很多的錢。他永遠不必擔心像酒保羅尼一樣開著中古別克車。再說一遍，對愛國者隊也有好處的，對布雷迪也有好處。這跟是不是個好人沒有關係，但是跟他是不是一個聰明人有絕對關係。

在結束我們對群體適存度的討論時，我們的結語是：個人所做的決定不只可能影響他們的適存度，亦可能影響他們群體裡其他人的適存度。如此一來，我們便不必擔心「群體選擇」是否存在。同樣的，集體決策可能影響個人適存度。O・J・辛普森也許有或沒有殺害妮可・布朗・辛普森及隆・高曼——刑事審判陪審團說沒有，民事審判陪審團則說他負有責任（這不表示他被視為有罪）——但是來自他人聽說而獲得證據的共同群體所達成的決策，顯然影響到他的適存度。不只如此，這些決定對於他人的適存度具有深遠的後果，包括受害者的家屬，檢察官的前途，以及辯護律師團的收入。

如同我們在本章開頭說的，決策是利用判斷、偏見、信念，和其他心智抽象以擘畫行動步驟的認知程序。這些抽象思考是怎麼來的，如何隨著時間演變？答案是，它們來自於學習：在心智填充資料以供大腦組織的基本輸入程序。讓我們看下一章，審視其中涉及的各種不同學習方式。

第四章

我們是如何學習

一九七六年的電影《攔截時空禁區》（*Logan's Run*），設定的背景是在二二七四年，羅根和潔西卡要逃離那座半球形、享樂主義的城市，因為在裡面，人們幸福快樂的人生將會於三十歲時被強制結束。在城市外面，他們進入一座冰洞，在洞內遇見一台英國機器人「箱子」，它的外觀看起來像一台吸塵器。箱子用機器人的聲音說：「魚、浮游生物、海中植物、來自海裡的蛋白質。」接著便試圖將羅根和潔西卡冷凍乾燥起來，收進它毫無目標地為早已滅絕的人類文化所收集的海鮮供應品之中。

《攔截時空禁區》屬於科幻作品，在反烏托邦的場景之下探討未來的文化演化的作品，這類作品至少可以追溯到一八九五年H．G．威爾斯（H. G. Wells）的著作《時光機器》（*The Time Machine*）。在主流媒體，文化演化通常被認為是往一個可辨別的方向前進，然而就像我們在第二章看到的，文化演化只是一個過程，隨著時間推移，將差異做出分類。如果某些變異或特徵，能夠幫它們的擁有者提升更多的適存度，優於其他變異或特徵，那麼它們就會被自然選擇分類到會傳承給下一代的那類。隨著時間流逝，這個過程會將群體中適存度較低的個體剷除。很明顯地，在《攔截時空禁區》當中，箱子機器人將這件事視為自己的責任。

然而因為箱子機器人學習到的只有透過程式餵給它的那些知識，所以沒辦法做出調整、從外界接收新資訊，最終就過載了，導致圓頂城市的毀滅。然而生物（至少大多數生物）就好很多了，因為生物可以學習。當然，人類是最完美的學習者。依照目的，我們將學習分成兩個類別：社會學習和個人學習。只要我們記得，人類既不是純粹的社會學習者，也不是純粹的個人學習者，這個分類就很有用，我們的學術界同儕艾力克斯・梅索迪將這兩者稱為資訊搜尋者和資訊生產者。相反地，無論在感覺上或實際上，某些條件會決定哪一種學習方式更有效。我們先從個人學習開始。

個人學習

自行學習，我們稱之為個人學習，是一個緩慢的過程，一個人透過試誤法（trial and error）調整行為來符合自己的需求。也許你觀察家長或一位大師所做出的基礎行為，然後開始修改它，幾乎不受或完全不受其他人的影響。舉例來說，你收到一份生日禮物，是一組高爾夫球桿，但是你住在很偏遠的地方，附近沒有高爾夫球場，你也不認識會打高爾夫球的人，更沒有人可以教你。你每天都自己練習，閱讀一些有關不同高爾夫球桿的知識，並透過試誤法發現打高爾夫球的揮動方式和打棒球是不一樣的。如果你單單觀察高爾夫球選手約翰·達利（John Daly）打球，是不可能會發現這些的，因為他的揮桿方式是模仿貝比·魯斯（Babe Ruth）。

羅伯·博伊德（Rob Boyd）和彼特·理查森（Pete Richerson）將此種行為稱為主導變化（guided variation），表示任何的變化（例如你的高爾夫球揮桿動作有所進步）都是由個人主導，幾乎沒有或完全沒有受到外界影響。我們會說這種學習模式是無偏見的，因為以群體的層級來說（也就是我們注重的），它大略複製上一個世代的行為。再說一次，群體的行為是由個人的行為組成，但是因為它們改變得實在太緩慢了（這裡改一個，那裡改一個），從一個世代進行到下一個世代，我們幾乎不可能注意到整體的行為有任何改變。

你可能會採取這樣的策略：在做出某種行為之前，先檢視一下環境（無論是文化環境或是實際環境）然後再看能不能收集到一些相關資訊，得知各種行為可能獲得的相對成果。如果各種行為之間在成果上的差異很明顯（在大多數情況下都不是完全肯定），你就會根據環境給出的資訊來決定要採取哪個行為。舉例來說，假如我們是史前獵人，居住地的環境過了好幾個世代以後，已經從森林轉變成草原。隨著這樣的改變，動物也會有很大的轉變，從較常單獨行動的鹿，轉變為群居的草食動物，例如野牛或羚羊。於是我們便開始根據環境來改變我們的武器。比如說，我們先前使用的矛是適合在封閉樹冠層的環境下使用，在開放的地形可能已經沒有用了，因為動物看得見我們，牠可以逃跑。也許現在我們需要更輕的矛和矛尖，這樣才可以投射到更遠的距離。

話說回來，也許成效的差異並不明顯，所以你就維持採用目前的行為。因此，主導變化有兩個同樣重要的成分：個人層級的學習過程，這在每個世代會發生無數次，以及跨越不同世代的主導變化（無偏見的傳遞以及個人學習）。兩者在個人做決策時都是很重要的成分。當人類和其他動物互動時，也會出現很有趣的無偏見學習範例。舉例來說，西部低地大猩猩可可，牠的教師兼照顧者潘妮・帕特森（Penny Patterson）表示，牠懂得超過一千個「猩猩手語」的手勢，以及兩千個英文詞彙。還有貝琪，一隻維也納的邊境牧羊犬，牠懂得超過三百個詞彙，而邊境牧羊犬切瑟更懂得超過一千個詞彙。不過，我們最喜歡的動物是一隻名為瑞可的邊境牧羊犬（令人難過的是，牠已經在二〇〇八年去世），在德國萊比錫的馬克斯普朗克進化人類學研究所（Max Planck Institute for Evolutionary Anthropology），由茱莉安・卡明斯基（Juliane Kaminski）及其同事對牠進行研究。

孩童在學習說話時，針對一個全新的詞彙，僅僅只是接觸一次，就會在腦中快速形成一個粗略的假設，猜測那個詞彙的意思，這個過程被稱為快速配對（fast mapping）。卡明斯基和同事的研究指出，瑞可也有快速配對的能力。牠知道超過兩百種不同物品的名稱——他們會給牠看一些圖片，有一張是新物品，而其他張是牠喜歡的東西——更厲害的是，牠能夠使用互斥學習（exclusion learning）的方式來找出新物品的名稱。面對詢問，瑞可找得出哪一個是新物品，因為剩下的七個物品都是牠認得的。用人類的方式來說，牠會檢視這些物品，並在心中想著：「嗯……我知道其中七個物品的名稱，但是我從來沒看過剩下的那一個，所以這一定就是他們在說的那個。」

瑞可是一隻聰明的狗，但是聰明的動物和人類比起來又是如何呢？心理學家保羅．布倫（Paul Bloom）指出，孩童認得許多不同種類的詞彙，例如人名、物品、動作等等，但是瑞可只認得那些可以拋接的物品，例如球和玩具。還有，九歲小孩認得幾萬個詞彙，而且每天都會學到超過十個新的詞彙，但是瑞可只認得兩百個。不過，瑞可

圖片來源：Manuela Hartling, Reuters

知道新的詞彙代表的是牠還不知道名字的那些物品，而年幼的孩童也明白這件事。「也許瑞可的學習方式和孩童一模一樣，只是沒有那麼厲害，」布倫寫道：「畢竟兩歲小孩知道的比九歲狗狗要來得多很多，小孩擁有更好的記憶力，也更擅長理解大人的想法。也許瑞可的能力只是在程度方面有所限制，而不是在種類方面。」我們非常認同這樣的說法。

社會學習

瑞可是跟著牠的訓練者進行個人學習，但如果牠不是在實驗室長大，就可以從其他狗狗身上進行社會學習。動物會為了各種適應理由來運用社會學習，也許最重要的理由就是，這讓動物擁有觀察別人的行為，看看哪些是有效行為，哪些是無效行為的能力。這種能力讓我們可以過濾各種行為，並採用那些看起來效果最好的。模仿讓個體和群體都能擁有適應可塑性，讓動物可以利用深厚的知識基礎，好對不斷改變的環境迅速做出反應。模仿本身是一套競爭策略，你可能會在了解某個人的能力程度後，優先模仿他。也許你會模仿那些看起來比你做得更好的人，或者看似很厲害的社會學習者，或是成功人士。也許你會以社會作為標準來決定，模仿你身邊大多數的人，或親朋好友及長輩。那些影響你決定要去模仿誰的因素，時常被稱為偏見（bias）：一種獨特的演化力量，選擇性地保留某些文化變異。這就是為什麼，偏見學習時常被用來指稱某些社會學習策略。

「偏見」這個詞是指統計上來說，偏離隨機、無偏見的模仿行為。根據知識或技能程度來進行模仿，或是根據隨機的社會互動來進行模仿，這兩者之間有很大的差別。假設你有一個朋友，她是一名出色的投資人，喜歡向你展示她的億創理財（E*Trade）帳戶，而你總是依照她給你的建議去投資，這就是偏見學習。相反地，把《紐約時報》的共同基金列表貼在牆上，然後丟擲飛鏢來決定要投資哪一檔基金，這就不是偏見學習。模仿你的投資人朋友，就是一種間接偏見（indirect bias），學習者用成功程度或名聲等判斷標準來選擇學習對象。另一種偏見是從眾偏見（conformity bias），就是依照頻率選擇，學習者會選擇最受歡迎的那個選項。我們一直都是這樣做。想像一下，你是一名新手父母，走進一間日托中心，看見所有的嬰幼兒都在地板上爬行，沒怎麼受到看管，他們都在做這兩件事的其中一件：吸吮一根湯匙，或把某種史萊姆抹到地板上。你也想買一個給你的孩子，但你沒辦法問你的嬰兒想要湯匙還是史萊姆。你仔細看了看，發現有八個嬰兒在吸吮湯匙，但是只有兩個在玩史萊姆，所以你拿出手機，在網路上訂購一根湯匙，這就是頻率偏見（frequency-dependent bias）。順帶一提，亞馬遜已經幫你做好這件事了，那就是用銷售量幫產品排名。

模仿和模擬

《攔截時空禁區》或《美麗新世界》（*Brave New World*）等反烏托邦故事，時常描寫一個高度順從的未來，每個人都只會做出指定的模仿行為。到底什麼是模仿？在文化演化方面，這是一個很重要的問題。是製造出某樣東西或某個決策的一系列行為，還是某樣東西或某個決策的本身？模仿（imitation）：學習行為的模式，模擬（emulation）：學習一系列行動所造成的結果。我們以這兩者的差別來概括這種二分法。這種差別聽起來清楚明瞭，但是實際應用起來很容易嗎？我們來看一群住在幸島（位於日本西岸的一座小島）的日本獼猴的案例，有大量檔案記載。一九五三年九月的某一天，一位協助餵養猴子的老師看見一隻年輕的母猴〔之後牠被取名叫地瓜（Imo）〕在吃地瓜之前先沾一沾水，好把上面的沙子弄掉。據說這是牠發明的做法，因為過去幾年從來沒有人看過任何一隻猴子這樣做。與「地瓜」不同，牠的團體裡的其他猴子吃地瓜時，是用手把上面的沙子拍掉，但是當其他猴子看見「地瓜」用水洗地瓜之後，這個創新的舉動就開始透過親戚和玩伴，將這兩種不同的管道在幸島的猴子之間傳播開來。首先是「地瓜」的媽媽和姊妹，然後是比「地瓜」大一歲或小一歲的猴子。到了一九六二年，超過兩歲的猴子之中有四分之三都會用水洗地瓜了。一開始牠們是用淡水洗，但是隨著世代交替，猴子們開始把地瓜拿到海邊，牠們不只用海水來洗地瓜，還把地瓜浸在海水裡，也許是想要讓地瓜增加一點鹹味。這是模仿還是模擬呢？這時候有點難判斷，但是讓我們來看另一個範例。

多莉．弗拉加斯（Doree Fragaszy）在喬治亞大學管理靈長類動物認知與行為實驗室（Primate Cognition and Behavior Laboratory），她曾針對一種住在巴西草原上的捲尾猴進行長期研究。這種猴子的一種經濟活動是用一塊大石頭當作鐵鎚，用一塊石頭或樹幹的表面當作鐵砧，來敲開堅硬的棕櫚堅果。這並不是一件簡單的事，必須要把堅果擺放在正確的位置，用正確的姿勢，往正確的角度敲擊下去，這樣堅果才不會滑掉。成年猴子可以一直成功地敲開堅果，但是年輕猴子幾乎很難成功敲開一個堅果，即使牠們從很小的時候就開始投入很多時間和努力，先觀察年長的猴子，再拿小塊的堅果和小石頭練習敲擊動作。成年猴子通常會留下敲擊堅果的痕跡，例如在石頭工具上留下有香味、油膩的殘渣，或是在進行敲擊工作的地點留下敲開的堅果殼，裡面有果仁的碎片。年輕猴子會被這兩樣東西吸引，搜刮裡面的碎片來吃，並在一個方便的地方敲擊堅果殼，好把裡面的果仁碎片敲鬆，弄下來。此外，成年猴子會把工具留下來，這會吸引年輕猴子，而且也許會增進牠們大腦的開發。年輕猴子能不能透過直接模仿其他猴子的某些行為，來學會敲擊堅果，或至少讓自己的敲擊技巧進步？這真的很難說。看著其他猴子在敲堅果，自己就跟著敲堅果，有可能讓自己的技術進步，然而單單拿石頭敲堅果，並不足以讓堅果被敲開。弗拉加斯指出，即使年輕猴子已經能正確模仿出所有必要的動作，也需要再花上一年或是更久，才能成功敲開整個堅果。

石器打製者伍迪的傳奇技能

就像大多數的靈長類學家一樣，我們認為黑猩猩會表現出許多種模仿方式，以及其他社會學習和個人學習形式的混用。有強力的證據顯示，牠們會根據一個或數個因素來挑選，讓牠們的選擇具有適應性。有關這種模仿策略的混用，最令人著迷的範例之一並不是來自黑猩猩，而是來自人類，這與克洛維斯（Clovis）矛尖的買賣有關，克洛維斯矛尖是大約一萬三千三百年到一萬兩千五百年前在北美洲游牧，獵捕大型獵物的獵人所使用的。這種石製的矛尖是披針形，兩側平行或凸出，底部凹進去，下部有一個凹槽，延伸至四分之一到三分之一處。克洛維斯矛尖的製作過程非常繁複，需要投入非常多的時間和精力，才能有效率地學習如何製作。因此我們可以猜測，工具製作者之間的技術層級會有很大的差別，也許那些厲害的工匠能擁有特權。

克洛維斯矛尖在古器物市場的價格從數百美元到五萬美元，甚至是天價都有可能，這是個很好的例子。數年前，新墨西哥州的一位古器物收藏家買了一些克洛維斯矛尖，應該是來自數年前挖掘到的一批矛尖，他為此付出一大筆錢。在購買之前，他讓好幾名知識

圖片來源：Charlotte Pevny and the Center for the Study of the First Americans

淵博的收藏家及考古學家幫忙鑑識，大家都相信這些矛尖是真貨。然而實際上並不是，後來發現它們是由伍迪·布萊克威爾（Woody Blackwell）所製作，他在石器打製界非常有名，因為他能製作出像古代人製作的一樣，又薄又漂亮的克洛維斯矛尖。布萊克威爾以科羅拉多州德拉克的克洛維斯矛尖為模仿樣本。他們最終之所以會發現真相，是因為辛辛那提大學的考古學家肯·坦可斯里（Ken Tankersley）的銳利目光，他在一些石片的擊打痕跡上發現極為少量的喬治亞紅色黏土。他發現布萊克威爾在岩石滾桶（rock tumbler）中使用這些黏土作為緩衝物，在裡面輕柔地滾動這些矛尖，好把石片的尖銳邊緣磨掉。如果是真正的克洛維斯矛尖，經過了數千年，大自然的環境會達到與岩石滾桶相同的效果。之後他們知道布萊克威爾是使用巴西石英作為原料，但是在買賣時，人們認為原料只是某種來自北美洲西部的未知材料。大家都知道布萊克威爾技藝精湛，但他真的有厲害到可以騙過專家嗎？很明顯可以。

這個故事已經很有趣了，但接下來還會更有趣。數年後，美國國立自然史博物館的薩布麗娜·舒爾特（Sabrina Sholts），和幾位同事想研究整個北美洲的克洛維斯矛尖的一致程度。來自不同地區的克洛維斯矛尖，形狀可能會有很大的差異，但是從來沒有人測量過擊打痕跡的差異。這個研究團隊發明一種嶄新且複雜的方法來測量擊打痕跡的形狀，並用三十九個克洛維斯矛尖來嘗試這個方法。為了好玩，他們在裡面混入十一個布萊克威爾的複製品。掃描這些矛尖之後，他們使用「主成分分析」（PCA）這種分類方法，以找出讓擊打痕跡的輪廓產生最大差異的變數。無論是來自北美洲的哪一個地區，大多數的痕跡都集中成一個緊密的花紋，但是其中有一些卻不是這樣，你猜它們是哪裡來的？沒錯，就是來自布萊克威爾。並不是所有的複製品都差異這麼大，但有一些是這樣。這是因為布萊克威爾有時可以複製出克洛維斯工匠的擊打痕跡，卻並不是每一次都可以。布萊克威爾之後在一次採訪中說：「我會停下來，看著一片矛尖，心裡想著『如果我現在就停下來，這看起來真的很像一塊德拉克風格的克洛維斯矛尖。』在這之前，我都會繼續努力，處理邊緣，讓它變得更滑順，讓它對稱，我會盡全力修飾它。我所失去的是它的直接與純樸。」

當然，布萊克威爾之所以無法讓自己製造的所有矛尖都符合真品的痕跡，真正的原因還是因為他沒有提早出生一萬三千年，無法在克洛維斯工匠身邊學習。換句話說，他是一位非常厲害的模擬者，卻是一個不怎麼樣的模仿者。這句話同樣也適用於所有收藏家，以及檢驗矛尖的專業考古學家，明明大家都知道形狀可能會出現很大的差異，他們還是把重點都放在形狀上，卻沒發現在擊打痕跡時會有所不同。也許我們無須感到驚訝，克洛維斯矛尖的形狀和擊打痕跡，可能會因不同的學習及傳遞過程而產生改變。擊打痕跡是一種「結構完整性」，關鍵要素較為守舊，因而比其他要素更加不容易改變。在文化的其他方面也會發生這種現象。

高爾頓問題

一種動物能夠學習多少內容，是用何種方式學習，這些是由基因來決定的嗎？同一種動物之中的不同群體，會演化出不一樣的行為，還是說，無論在哪裡養大的邊境牧羊犬都會表現出一樣的行為？或者反過來說，出現在一個群體裡面的適應特徵，是否會讓這個群體最終發展出和其他群體不同的決策過程？這些問題也同樣適用於人類。事實上，人類學和考古學界有許多這樣的理論，詳細探討創意是如何在不同群體間擴散開來？一個群體如何教導另一個群體？兩個群體是如何獨立發明某樣東西？這些是很合理的社會學習模型，但是都有一個固有的問題：你如何確認是不同群體之間出現社會學習行為（某個群體裡的某些人教導或學習另一個群體的人），還是兩個毫不相干的群體在面對類似的問題時，剛好發展出類似的解決方案？

這叫做高爾頓問題（Galton's Problem），是以達爾文的表親法蘭西斯・高爾頓（Francis Galton）命名，源自於一八八八年英國倫敦皇家人類學學會的一次會議，當時高爾頓正坐著聆聽泰勒發表一篇論文，我們在第一章有提過他。泰勒整理來自不同社會的一系列特徵，並指出這些證據符合他的主張，認為所有的社會都曾經歷過一樣的社會複雜度階段。高爾頓指出，這只是一種可能性，依照泰勒展示出來的證據，你無法排除模仿或共同起源造成的相似性。要解決高爾頓的問題，必須討論這些群體如何彼此相關，或彼此無關。

同樣的問題也能應用在動物的學習。有沒有很明確的例子，能證明同一個物種的不同群體，發展出不同的學習及決策方法？我們知道無論是哪裡的黑猩猩都是屬於同一個物種，所以假如群體A和群體B之間出現任何行為上的差異，可能都不是單純由基因造成。將近二十年前，安迪・懷頓（Andy Whiten）和其他幾位行為科學家，包含珍・古德（Jane Goodall），引用了針對整個非洲的六個黑猩猩群體（四個群體在東非，同屬一個亞種；兩個群體在西非，同屬另一個亞種）的行為差異所進行的長期研究。珍．古德針對坦尚尼亞貢貝溪國家公園（Gombe Stream National Park）黑猩猩的研究，是靈長類研究的典範。他們發現三十九種行為差異，包含工具使用、理毛、求愛行為，只常見於某些群體之中，但是卻沒有出現在其他群體。重要的是，兩個亞種的群體之間的差異，和同一個亞種的群體之間的差異一樣大。這個研究進一步證實黑猩猩是有文化的，或許其他靈長類也有，而我們也可以將它看作是傳統：維護社會環境，好讓一個群體學習並維持全新行為。

在《攔截時空禁區》當中，機器人「箱子」被困在程式裡，只能一直重複做著在過去很有用，但現在完全沒有用的行為。「箱子」重複說著：「正常儲藏程序，和其他食物一樣。其他食物不再出現……但他們出現了。所以我要把他們儲藏起來。我準備好了。你們也準備好了。這是我的工作。要把你們冷凍起來。」與「箱子」不同，人類的文化會持續演化，混合不同的學習策略，來滿足新環境下的需求。而且與其他動物的學習方式不同，人類擁有累積學習的能力，這種獨特的能力讓人類可以快速地學習並擁有知識，還可以忽視那些已經過時的知識，這讓人類能夠適應各種不斷改變的環境。做決策就像是在攀爬一座崎嶇的地形，它還會不停地凹陷或隆起。現在有用的東西以後不一定會有用，而且即使是現在有用的東西，你也必須在第一時間就找到它。這就是適存度地形的意義，我們在下一章會仔細探討。

第五章

舞動地形與紅皇后

寬頻網路已被視為基本人類需求，就像水和電一樣，現代經濟「地形」在僅僅一個世代之前已有劇烈改變。在密西根州，底特律社區科技計畫（Detroit Community Technology Project）的志工，在沒有網路的社區裝設無線通訊基礎設施，那些社區的求職者先前必須到擁擠的公立圖書館找尋公用電腦。《紐約時報》一名社區服務主管表示，沒有寬頻網路「就像戰鬥時沒有劍一樣」。即便是在有免費Wi－Fi的地方，使用老舊手機也是一項明確的劣勢，因為幾乎所有的工作與學校申請都是線上進行，往往需要Java程式語言或下載一些應用程式。在現代經濟地形，能夠取得網路通訊以及網路應用技能等兩項因素，都影響到一個人脫離貧困的適存度。

生物學與生態學的古典作品，可以幫助我們了解所謂的適存度地形（fitness landscape）。

美國遺傳學家休厄爾．賴特（Sewall Wright）於一九三二年提出這個概念，用以說明一個生物在一個特定環境下是否適存。地形（編按：參見頁九〇圖片）上的每個位置代表一個特定的基因型，高度越高表示適存度越高，而高度越低表示適存度下降，甚或不適存。我們將這種隱喻的地形擴大到基因之外，用以檢視各種演化的複雜適應系統。在這個通用模型，地形上的一個位置代表一個既定問題的解決方案。一個特定位置的高度代表這個解決方案是否實用，性質相近者的位置會緊鄰在一起。

借用複雜性實驗室（Complexity Labs）同僚的案例，我們來探討早晨通勤上班的不同方式。我們有多種可能的策略，包括飛行、游泳、開車或搭公車。我們可以製作一份代表這些策略的適存度地形，並給予各個選項一個評分，依據它在一些成效指標的表現，例如時間或費用。高峰代表策略較為合適，低峰代表策略較為不合適，山谷則表示完全不合適。各項策略之間的結果若更為相同，山峰高度的差異便更小。舉例來說，開轎車或開卡車上班的山峰或許高度相同，而且彼此緊鄰。差異很大的策略，例如游泳或飛行，就會相隔甚遠，而且高度較低，因為以飛行而言，機票費用很貴，所以是一種不合適的通勤策略（除非你住在洛杉磯，卻在達拉斯工作）。步行或許介於之中，其適存度山峰的高度若不是很高（大城市裡走幾條街），就是很低（登山五英里）。

至於我們的史前祖先，我們可以製作一份更簡單的適存度地形，用阿舍利（Acheulean）手斧作為模型。這種更新世石器是在一百五十萬年前使用。手斧的形狀在非洲、歐洲和西亞等不同地區各有不同，但不是很大的差異。如果我們製作一份阿舍利手斧地形，我們會看到一堆高度約略相同的低峰，而且這種地形在很長一段時期看起來都差不多。

再來看更新世更後期的獵人，他們開始製作石頭的矛頭，而不是手斧。現在的地形代表矛頭的設計，而山峰的高度代表矛頭狩獵的功用如何。如同下頁圖形顯示，三名獵人在演化路徑出發時使用相同設計，所以在地形上站在相同位置。隨著他們實

圖片來源：Peter A. Bostrum, Lithic Casting Lab

驗不同的設計元素，其中兩人慢慢地橫越地形。但是，第三名獵人在尖端設計做出突破性改進，立即跳到鄰近山峰的頂端。他的突破比其他獵人的漸進式改善更為優越，而且隨著他持續做出改善，他在設計地形上的一個高峰躍上另一個高峰，而且一次比一次更高。而且，藉由實驗他自己的設計，圖形中間顯示的獵人走了更多步，沿途又爬又跳，最終抵達地形上的最高峰，登峰造極。底部顯示的獵人有一陣子表現不錯，可是選擇不同路徑以致適存度下降，直到他做出修正，抵達最高峰的半山腰。

現在，我們想像這些獵人分享自己的地點——「嗨，我在這裡！」——幫助別人穿

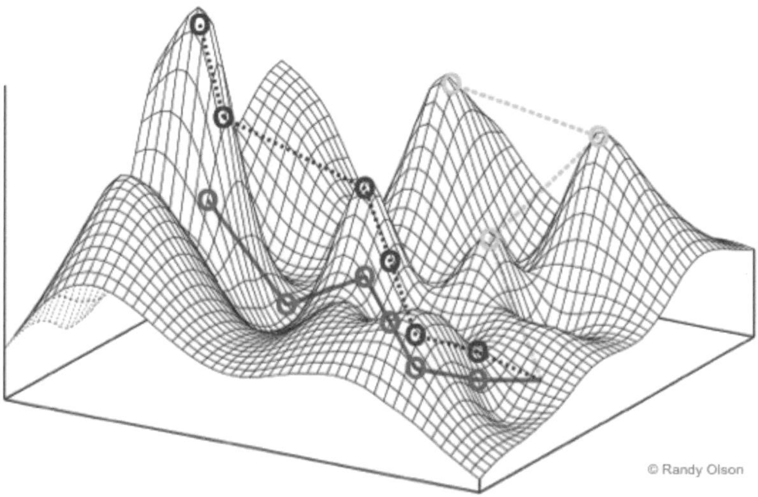

圖片來源：Randy Olson

越這個適存度地形。結果，他們的子女將由父母的山峰出發，或許爬到更高的山峰。這代表文化知識及獨特的人類能力，可以大量累積世代經由社會學習得來的資訊。人類文化傳遞有時被稱為棘輪效應（ratchet effect），意指修改與進步會持續保留在人群之中，直到進一步改變將棘輪往上推。

崎嶇不平的地形

目前為止，我們看的是很單純的地形，現在我們把事情弄得複雜一點。這次，不是石器打製者，我們來探討正在決定要去哪裡讀大學的一名高中生。地形上有數千個山峰，每座都有好多因素，包括學費、地理位置、大學排名，甚至休閒設施的品質。雖然大量的高峰造成地形崎嶇不平，但其實很穩定。意思是說，學費和住宿費用沒有很大的變動，每所大專院校的排名每年也都差不多。

因為這位學生很聰明——本書作者之一的布洛克說，不用懷疑，這是她在高中時修了一門很棒的經濟學入門課程的結果——她會好好考慮我們在第二章談過的概念：效用、搜尋品，以及經驗品。效用指的是你從購買某個東西或做某件事所得到的滿足。效用函數指的是，面對一組選項而預算有限時，你選擇可以帶來最大滿足的選項。這表示，如果你真的很想去讀耶魯大學，並且負擔得起，你就會決定去讀耶魯，即便費用是在本地大學就讀的五倍，因為你認為本地大學是次佳的選項。搜尋品是指你早已知道回報，於是搜尋最低價格。舉例來說，這名學生已研究過未來三十年讀哪所大學對於增加收入最有價值，而她決定最適合她的是美國大學協會（Association of American Universities）的公立院校——六十所美國頂尖公立與私立大專院校（外加兩所在加拿大）。

這名學生研究該協會的三十四所公立大學，比較教職員實力、班級規模，與就讀總費用。我們說過，她很聰明，所以她到《美國新聞與世界報導》（*U.S. News and World Report*）的網站，利用線上資訊來比較大學。即使在網路上瀏覽大量資訊之後，這名挑剔的學生覺得她還是沒有充足資訊，來做出足以影響她的未來適存度的決定，於是她決定先選一所大學，用一年時間來觀察這是不是正確的選擇，並且知道她在必要時可以更換。在這個案例，她的決定偏向經驗品。

值得一提的是，我們把這名學生打造成一個完美案例，可是我們大多數人都不是那樣。我們或許知道自己想要哪一類大學，可以負擔多高的費用，但是我們在眾多選擇之中找得到這種地方嗎？坦白說，現在找大學比一個世代前簡單多了，因為有眾多搜尋引擎可供使用，還有網站讓你輸入自己的標準，按下按鈕，便會得到一份清單。但是即便如此，你如何在長長的清單當中做出決定？負擔得起的人或許會和他們父母展開老式的親身體驗大學之旅，開車上路去參觀大學校園及迎新活動。不過，還是有數十個，甚至數百個其他選項是我們沒有探索過的？當然，你可以在網站上得到協助，但是我們可以確信自己看到的是事實嗎？大專院校總是展現自己最佳的一面，秀出學生們穿著校服去上課，教職員在開學日熱誠歡迎他們，球迷在座無虛席的足球場加油的照片，尤其是在競爭激烈的適存度地形求取生存的學校。我們期盼看到有個網站實話實說：「我們的理科不錯，但文科與工科不怎麼樣，不過音樂系超棒的。學生宿舍看起來可以，但是你或許想要放棄預付伙食計畫，因為這裡的食物挺難吃的。」

地形開始變動

雖然美國高等教育「地形」變得複雜，充滿許多山峰，但是整個地形並沒有很大的變化。如果我們讓不同的變數持續變化，形成史都華・卡夫曼（Stuart Kaufman）稱為的動態適存度（dynamic fitness）地形，和生物學家史考特・佩吉（Scott Page）稱為的舞動（dancing）地形，那會如何呢？在這種地形，山峰與山谷隨著時間而起伏，甚至因為環境的劇烈變化而消失或者突然出現（重新出現）。代理人必須適應地形改變，只不過如今他們的行為不僅持續受到變數不斷改變的影響，還受到其他代理人努力適應的行為影響。人類如何因應他人的行為，始終是文化演化的一個重要變數，但在舞動的地形上則為首要因素。如同佩吉所說，通過舞動的地形好比在賭場比較數台吃角子老虎機一樣，每個機台的回報各不相同。這裡的致勝策略稱為「探索—利用」（exploration–exploitation）：在一台吃角子老虎機玩一陣子，再換另一台，等你找到可以賺錢的機台，便一直玩。假設機台保持不變的話，平均而言，這種策略的回報多過不斷探索或者完全不探索。萬一賭場調整機台的機率呢？現在，玩家必須按照某種速度持續探索，即便他已經找到勝率較高的機台。再假設賭場用不斷加快的速度來調整機台，快到你幾乎跟不上的速度。這便是所謂的舞動地形，你必須不斷加快探索速度，才能保持競爭力。這讓我們想到路易斯・卡洛爾（Lewis Carroll）《愛麗絲鏡中奇遇》（*Through the Looking Glass*），紅皇后（Red Queen）告訴愛麗絲：「在這裡，你必須全力奔跑才能留在原地。如果你想去別的地方，你必須用至少兩倍的速度奔跑！」

對我們這位想要做出最佳大學決策的高中生，對她及她的父母就教育與費用負擔而言，紅皇后有什麼影響呢？一些人或許以為，如同我們將看到，美國教育的地形每天變動得越來越快。首先，儘管大家都想得到財力可以負擔得起的最佳教育，但就算有錢，你也未必會被你希望的學校許可入學。而這不只是頂尖私立大學而已。目前在德州，如果你想要去讀兩所旗艦公立大學，德州大學奧斯汀分校或是德州農工大學，你必須是高中畢業生的前六％才有機會。「等一下，」這位高中生喊說：「去年只要前八％至一〇％就可以了！」沒錯，去年是那樣，可是「地形」改變了。顯然沒有人跟她講過。大學官網絕對沒講，他們只有說備妥申請表、申請費用，附上成績單、學術性向測驗（SAT）或入學考試（ACT）分數、自傳，以及推薦信（非必要）。

現在，「地形」變動之後，我們的學生對自己的決策與計算沒有把握，因為風險與好處變得不透明。她考慮到所有變數了嗎？讀大學的隱藏成本，例如書籍與交通費用，都計算進去了嗎？如果她想住在校外，兩年的食宿費用是多少？如果她去讀當地大專院校，住在家裡的費用會被住在學校或公寓便宜多少？（答案是便宜很多）住在家裡的話，她會犧牲多少大學生活？（答案是很多）或許最重要的是，她在計算費用時，她可以確知自己將累積多少負債嗎？萬一聯邦擔保的學生貸款被砍半呢？或者她想去讀的大學所在的州政府削減高等教育預算，而且大學將學費調漲二五％呢？過去十年，這種情況越來越頻繁出現。

數年前，企業大亨兼NBA達拉斯小牛隊老闆馬克．庫班（Mark Cuban）收購collegedebt.com網站。這是一個極為簡易的網站，只顯示三個數據：美國汽車貸款總額，信用卡債務總額，以及大學生貸款債務的即時更新。金額不斷增加。二〇一八年六月時，學貸金額為一．六兆美元，車貸為一．二兆美元，卡債則為一兆美元。這種金額仍然遠低於美國房貸總額，大約九兆美元，可是同樣令人警惕。

我們這名高中生，以及每年數十萬名高中生，並不是企圖通過這種高度複雜，不斷變動的高教「地形」的唯一代理人。我們來討論大專院校的情況。數十年來，甚或數個世紀以來，高教機構都很輕鬆，至少就大部分來說，待在一個十分穩定的地形。他們可以計算投入，就讀學生人數和提供教育的相關費用，以及產出，比如畢業率。當然也有一些轉折，例如校園暴動毀損建物，美國大學教授協會以妨害學術自由為由對大學實施制裁等等，不過大致上，美國高教的適存度地形儘管複雜，卻很穩定。而穩定意味著可預測性。

然而，這個地形在二十一世紀初葉出現劇烈變化，競爭越來越激烈，甚至呈現割喉戰，因為美國的高中畢業生人數大幅減少，令許多大專院校措手不及。德州因為就業成長而移入人口，當地大學實際上出現申請人數增加，但這是一種反常現象。全美各地的大學開始提供各種細節以招徠學生，而招生資訊似乎每週都在更新。其中一種花招是把學費調高，但以保證取得獎學金作為掩護。如此便營造一種折扣假象：「我們將提供獎學金，好讓你負擔三九％的學費！（沒錯，我們同時也調漲學費以彌補折扣，不過這是我們的祕密）。」另一個花招是調高食宿費用，然後廣告說：「第一個月免費！」

讓大專院校在決策方面不斷加速的另一個原因是來自營利大學的競爭。這類學校已存在一段長時間，但直到二十一世紀初美國高教「地形」生變，他們才構成重大競爭。我們都聽說過鳳凰大學（University of Phoenix）、凱佩拉大學（Capella University）、德福瑞大學（DeVry University）、卡普蘭大學（Kaplan University），和其他高知名度的營利大學，包括藍帶國際學院（Le Cordon Bleu）等廚藝學校，但它們不過是冰山一角而已。二〇一五年，國家教育統計中心列出美國有三千所營利學校。

在本世紀第一個十年的中期，由於高中畢業生人數減少，以及保證學生可以又快又便宜讀大學的強大競爭對手出現，傳統大專院校被迫重新評估他們的商業模式。在這個過程中，他們開始將其他非營利大學視為攻擊對象，找尋任何可以攻擊的弱點。我們將在第七章提到，一所中西部主要大學成為關鍵時刻做出不良決策的典型案例，而讓競爭對手漁翁得利。州議會和州長要求公立大專院校不僅要提供低廉學位，例如當時德州州長瑞克・培利（Rick Perry）在二〇一三年要求州立大學至少要提供一些一萬美元的學位，而且還能夠促進勞動力發展，使得高教地形更為複雜。相形之下，李爾王與畢卡索都沒有那麼誇張了。

絕望之餘，大學開始推出數千種線上課程，以追趕營利大學。他們希望吸引遠距教學的學生，他們若不是偏愛在家中上課，便是住在距離學校甚遠，不可能親自去上課。對一些傳統學校來說，尤其是黑人大學與小型私立學院，他們的地形變化太過迅速，財務無法支撐，不得不關門大吉或者與其他學校合併。那些被迫搬遷的學生，他們的適存度山峰突然被夷平，甚至凹陷成為山谷。

決策，決策，決策。我們看到這位高中生在她試圖做出有根據的選擇時所面臨的困境，我們也看到大專院校面對競爭及不斷改變的地形。同樣的，求職者也面對快速變化的科技地形。身為社會科學家，我們如何理解無數的決策及據以做出這些決策的地形？我們希望有一項工具或者一組工具，不是適用於一段歷史或史前時期，而可以幫助我們在面對複雜、舞動地形時組織我們的思緒。結果，真的有這種工具。我們翻到下一章，看看這種工具如何使用。

第六章

一張分成四個部分的決策地圖

想像一下，某個人在亞馬遜網站瀏覽電子產品，或者如果你比較喜歡史前時代的話，想像一下有個人在收集食物，他正在思考該去哪一片樹林收集橡實。這兩個人都有很多的選擇，而他們會如何做出決定，就是取決於每個選項的優點有多公開透明，無論是本質方面還是社會方面。本質效用（intrinsic utility）指的是東西本身對你個人帶來的好處，例如橡實所含有的熱量，或是智慧型手機那些好用的功能。社會效用（social utility）則是因為其他人喜歡這個東西，或其他人選擇這個東西，進而讓它產生價值。舉例來說，橡實的本質效用很透明，至少大多數住在橡樹附近的狩獵採集者都知道，橡實可以填飽肚子。智慧型手機的社會效用很透明，我們身邊的所有人都盯著智慧型手機，因此每個人都必須要有一支。然而，該買哪一支智慧型手機，或者哪一片樹林產出的橡實是最好的，它們的本質效用並不是很透明。但是我們可以推測，如果其他的狩獵採集者都去某一片樹林，那麼你一定會跟著他們走，因為那一片樹林的社會效用是最高。同樣地，亞馬遜網站可能也會向你展示你所有朋友都在使用的那支最新 iPhone，但是它所帶來的社會效用，和你捨棄舊手機，升級到新機種所帶來的本質效用是一樣高。

在這兩者之中，選擇的可預測性並不只是來自本質效用和社會效用，還取決於這兩種效用的公開透明度。我們以某種本質效用很重要，也很透明的東西來舉例，比如馬桶堵塞了，這時候你需要一個馬桶吸把，所以你跑到五金行，買下你在架上看到的第一個吸把，然後跑回家，瘋狂地用吸把吸馬桶。螺栓、油漆、接線盒、園藝釘耙……在五金行的所有商品之中，那個擺在第六走道的馬桶吸把擁有透明的效用。在店裡所有的商品之中，你的選擇可能性分布，會在馬桶吸把那裡形成一個明顯的高峰。同樣地，在適存度地形，也就是所有的選項的效用，也是馬桶吸把最高。換句話說，「選擇的可能性」以及「適存度」這兩個地形幾乎完全相同。除了馬桶吸把之外，其他的商品幾乎都是零，呈現出一個明顯的高峰。除了這個高峰之外，當然還會有一些較低的突起，因為有些物品也許同樣能解決問題，例如某些軟管或是某種化學藥劑，但是很明顯地，最主要的高峰、效用最高的選項，還是馬桶吸把。

現在，假設你沒有去五金行，而是跑去「Toilet Barn」商店，那裡有賣很多不同的馬桶吸把。或者是說，你根本不知道要疏通馬桶時應該使用馬桶吸把這個東西。無論是哪種情況，馬桶吸把的本質效用都不太透明。你可能盯著五十種不同的馬桶吸把，考慮該買哪一個，或是胡亂翻找家裡的櫥櫃，找不到任何看似可用的東西。在這種透明度較低的情況下，可能性的分布會很平均，因為無法輕易地看出效用的差異。如果透明度是零，可能性的分布就會是平坦的，也就代表選擇是隨機的，每一個選項都有同樣的機率會被選中。即使可能性的分布是平坦的，馬桶吸把仍然是最佳選項，差別只是在於選擇哪一根罷了。

上面說的都是本質效用，如果我們加入社會效用，效果會更加強烈。如果本質效用和社會效用都是透明的，就相當於站在最佳高峰上的人們大喊著：「嘿，選這個！」如果社會效用是透明的，但本質效用不是，那麼就相當於一群站在霧裡的人大喊：「這裡！」事實上這群人也是迷失的，根本就離真正的最佳適存度高峰很遠。舉例來說，有一群人拒絕施打流感疫苗，因為大家都說流感疫苗很危險。選擇的高峰在一個地方，但是最佳適存度高峰，也就是大家都施打疫苗，卻是在另一個地方。

這就是社會效用很高，但本質效用透明度低的時候會發生的情況。當社會影響領導著大眾的行為，最受歡迎的選擇通常都不是最好的那一個。選擇的可能性分布和本質適存度地形是分開的。當這種情況發生時，我們設計了一種方法來表示，就是一個雙座標的決策地圖。其中一個座標是表示在學習過程中社會影響的大小，另一個座標則是表示社會學習和個人學習的成本與效益的透明度大小。這兩個座標是社會影響的「離散選擇」理論的要素。「離散選擇」代表我們是針對二者擇一的選擇，而不是連續的選擇，例如「多少」。

決策地圖

用最簡單的話來說，決策地圖的水平方向代表的是學習，垂直方向代表的是一個人的決策和這個決策所造成的結果（成本和效益）之間的透明關連。在學習方面，地圖的左側代表完全的個人學習，右側則代表完全的社會學習，中間則代表一半個人學習、一半社會學習的人，或者在某種情況下，對於自己的經驗和別人的體驗有同等程度的重視。

垂直方向代表選擇的透明度，越往下透明度越低，越往上透明度越高。越往上走，人們的決定就越符合地形。在最上端，「哪一個選項是最好的」將會變得非常明顯。越往下走，就越來越沒有明確的理由去選擇某一個選項。在最下端，就會變成完全的漠不關心或完全的困惑，因為所有選項看起來都是有可能的。重要的是，雖然所有選項看起來都有可能，但它們所造成的結果還是會有很大的差異。有一些理由會造成人們漠不關心或是困惑。舉例來說，他們可

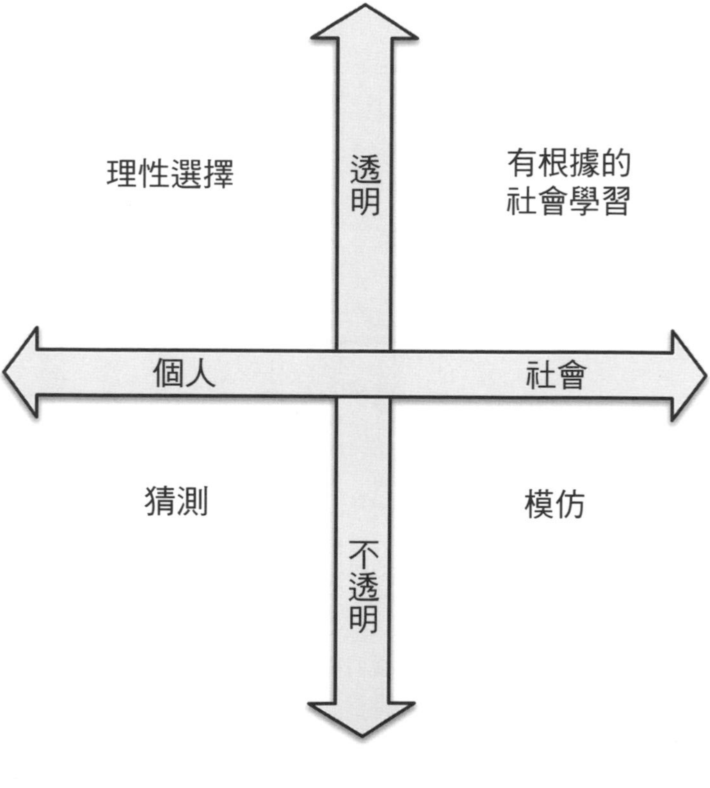

能無法獲得足夠的資訊，或是被太多的資訊淹沒而不知所措。

我們喜歡這張地圖，因為它將大量的決策情境精簡到只留下最重要的元素：選項的透明度以及社會影響。當然，缺點就是我們必須將假設簡化。第一，我們假設人們不知道以長期滿意度、適存度，或是生存來說，哪一個選項是最好的。即使是理性的人（地圖的左上部分）擅長收集環境資料，也不是全知全能。舉例來說，新石器時代歐洲農夫很擅長收集環境資料，但他們無法預料到他們的後代會因為自己現在正在製作起司，而有了耐乳糖的體質。第二，我們不把學習和做決策區分開來，因為我們不是處於一個精密、協調的規模，要在這種規模之下這兩者才可能有所區別。第三，雖然這份地圖顯示的是一個連續的空間，但我們還是只分成四個部分來討論：左上、右上、左下、右下。無論是以決策來說，還是以我們所預期的實證模式來說，這四個部分都是很獨特。這種模式通常會出現在所有不同種類的選項，在一段時間內的受歡迎程度的資料上。我們來看看這張地圖上的四個部分。

左上：個人決策、效益透明

左上的部分是根據明確、立即的效益，自行獨立做決定的人，例如跑去五金行買馬桶吸把。新古典經濟學派的理性行動者就屬於左上，他們會選擇效益最高、成本最低的選項。如果往下一點，但還沒超出左上的範圍，就是根據有限理性（bounded rationality）所做出的決定，這個詞是由行為經濟學家丹尼爾·康納曼（Daniel Kahneman）首度使用，表示在現實世界中如果想要讓選擇的效益最大化，會因為知識不夠完整而受到限制。以適存度地形來說，左上會出現爬山演算法（hill-climbing algorithm），例如以回報為動力的試誤法，以及有限理性。

以資料模式來說，左上代表能夠產生最佳回報的行為會成為最受歡迎的選項，並一直保持，直到環境發生改變。舉例來說，美國最大的購物日「黑色星期五」當天，沃爾瑪（Walmart）開門時，父母們會瘋狂地衝進去，互相推擠、碰撞，甚至出手打人，只為了買到當季最受歡迎的兒童玩具。在二〇一七年他們會先衝去第四走道尋找手指猴（Fingerlings），這是當年最受歡迎的，一種套在手指上的玩具。在手指猴全部賣完之後，那些父母會轉頭去找第二受歡迎的玩具：擺在第五走道的魔法寵物蛋（Hatchimals），直到它們也全部賣完。接著他們就會去第七走道尋找「DropMix」桌遊，以此類推。行為經濟學家為這種行為取了個名字：理想自由分布（ideal-free distribution），狩獵採集者會先去尋找最佳資源，例如河灣之中有鮭魚經過的地方，如果那裡無法獲得資源，他們就會去第二好的地方，可能是河流的下游，然後再往第三好的地方，以此類推。

隨著時間的經過，理想自由分布有一個簡單且可預測的選項受歡迎模式：一個東西賣完了，之後是第二個，接著是第三個。要做決策時，選擇會依照一種基礎模式：所有人都去搶可以得到的選項，等到剩下的選項越來越少，大家便逐漸離開，例如玩具賣完了、可以捕魚的地點都被占滿了，或者是還沒看過那部熱門電影的人越來越少了。選項的累積（例如總銷售額）隨著時間的經過所形成的曲線被稱為「r曲線」，因為累積的數量在一開始時會爬升得很快，之後逐漸平穩，形成一個「r」形狀。

這邊還有另一種曲線也很重要，就是在最佳選項附近的選項分布。舉例來說，假如在第四走道的手指猴附近還擺著許多其他種類的指偶，也許手指猴才是父母最理想的選擇，但是擺在附近的玩具代表它和理想的選擇很接近。如果我們把可以形容這些玩具的特徵（尺寸、動物種類、材質等等）都進行量化，銷售的分布會在手指猴的特徵那裡達到高峰，然後距離理想特徵越遠，就會越低落。事實上，這是一種用來研究史前石製工具的方法，測量並量化它們的各項要素。在理想的工具附近會出現一個鐘形曲線，形狀高且窄。我們在第五章討論過的阿舍利手斧，它的形狀大約有一百五十萬年都不曾改變過，這就代表它的鐘形曲線幾乎保持相同。理由是，人們會根據那個物品本身的明確的實際限制，自行做出選擇，如果那些限制隨著時間發生改變，常態分布的平均值也會跟著改變。

右上：社會決策、效益透明

與左上相反，在右上部分，行為是透過社會來傳播。當人們透過任何一種社交過程，學到一種新的行為，他們很清楚地明白它的根本理由。在二〇〇七年，當使用諾基亞手機的人看見別人在使用新 iPhone，它有觸控螢幕，有各種 APP 可以下載，就有很明確的理由可以去購買新 iPhone，因為它很棒。iPhone 的社會效用和本質效用都很透明。對右上的人來說，透過社交活動，可以讓好的選項變得透明，因為創新要由人群來發現及傳播。這會花一點時間，因為想法必須由一個人傳給另一個人。接受想法的人隨著時間的經過，會形成一個「S」型的曲線，與「r」曲線不同，它剛開始增長得很慢，在開始變得受歡迎之後則越來越快，最後當大多數人都接受這個想法之後就會趨於平緩。

對右上的人來說，所有東西都是平等的，他們知道誰是專家，並且可以模仿專家做出選擇。我們不能斷定這種說法，因為群體的人數與是否能在一開始就找出專家有很大的關連。當我們往下走，接近「赤道」時，效益的透明度開始變得模糊不清，人們會更常使用無意識的捷徑，只專注於可獲得的部分資訊。其中一條捷徑就是模仿其他人的行為，無論是模仿大眾，還是模仿那些看起來技能最好，或者擁有地位的人（見第四章）。

只要一個群體裡面有一部分的人是個人學習及個人決策（也就是地圖上只要不是貼在最右端的部分），最終都有可能會導向和所有人都是個人學習及個人決策一樣的結果。而在地圖的最右端，也就是完全沒有個人學習，就無法徹底了解藉由社交學習而來（模仿而來）、目前正在流行的做法的本質，也會因此失去適應外在環境的潛能。如果你只會模仿別人的行為，你可能會卡在一個並不是最佳選項的高峰。以集體捕魚來舉例，若要有效率，應該是一部分船隻隨機尋找一些地點來嘗試，而不是所有漁夫都前往少數幾個曾經很好捕魚的地點。

右下：社會決策、效益不透明

右下部分結合了下方成效不透明的特色，以及右方的社會學習，形成社會學習程度很高，但是透明度很低的情況。選項的透明度很低，就像地形瀰漫著霧氣，人們很難靠自己的力量分辨出選項的本質效用，甚至是找出那些已經做出選擇的專家。霧氣遮蓋適存度地形，導致很難看見那些正在向我們招手的人。越往地圖的下方走，霧氣就越濃。在最下方，你只能去模仿一些在霧氣當中隨機出現在你附近的人。這就好像每一個人都指著別人說：「我要點她吃的」。

我們預期在右下方會出現的數據模式包含亞馬遜書籍銷售的「長尾分布」，舉例來說，很多的東西都只賣出一點點，很少的東西賣出很多，這就是所謂的「八〇／二〇」法則：有二〇%的產品占了八〇%的銷售，不過在現實中，第一及第二受歡迎的產品可能占了一半的銷售，而且是在數千種不同的產品之中。我們預期在右下方會出現的另一種數據模式是隨機的受歡迎程度，也就是說無論何時，受歡迎程度的最佳預測方式就是參考上一秒的受歡迎程度，再加上一點「雜訊」。這就表示最受歡迎的選項經常在改變，沒有最佳的選項，只有當下最受歡迎的選項，而最受歡迎的選項又時常被其他在排行榜前幾名浮動的選項給取代。

因此，我們可以將右下當作隨機模仿這個過程的模型。重要的是，這並不表示人們的行為是隨機的，它是表示以群體的規模來說，人們的偏見和根本理由會被平均起來，好像人們都不在意一個行為的受歡迎程度一樣。我們認為這兩者之間有所區別，隨機的模仿（屬於左下部分）和模仿其他人的決策是不同的。在右下，個人學習至少還算在決策的一部分，例如說有五％的人因為

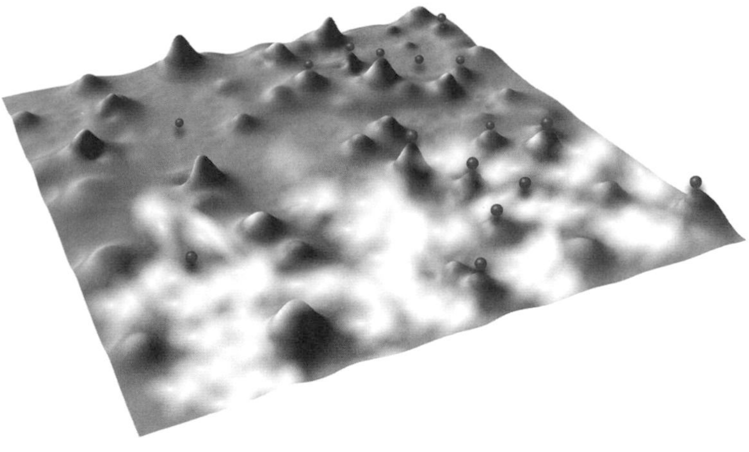

圖片來源：Matthew Boulanger

個人學習而選擇一種獨特、全新的變異。

左下：個人決策、效益不透明

左下部分就跟用猜的一樣，因為每個選項都不透明，也無法模仿其他人的選擇。一個很好的例子是你獨自遇到許多很類似的選項，例如報紙上印著滿滿一頁的共同基金，我們之後在第七章會談到，這時候你可能根本不知道自己的退休計畫應該是什麼樣子，那麼你會為自己的退休基金選擇哪一檔共同基金？在小型、非西方的社會，也許不太需要面對這種事，但是在現代資本主義社會，這就很常見了，有將近數千種極其相似的產品，還有無數的資訊來源。在這種情況下，每個選項的受歡迎程度都是由純粹的機率來決定。換句話說，左下就像是樂透，而且因為這個樂透會不停地重複，每個選項也會輪流地受歡迎。

半個世紀前，行銷科學家安德魯．愛倫堡（Andrew Ehrenberg）公布左下部分的分析預期。他表示，如果消費者無法區分各個選項的差異，品牌受歡迎程度的分布會是「短尾」的，如同這個名稱，它和右下的長尾分布完全不同。在左下，每一個選項變得極為受歡迎的可能性（分布的尾巴）呈現指數型下滑。此外，當人們採取猜測這個方法，每一個時期的選項受歡迎程度排行應該不會相同。所以，在五金行買一根馬桶吸把，就是屬於左上，但是在「Toilet Barn」商店，從一百根只有微小差異的馬桶吸把當中挑選一根，就會落在左下。但除非你是一名水管工人，可以區分出細微的不同。

在決策地圖上移動

數年前，在《歐洲商業評論》（*European Business Review*）雜誌，艾力克斯和麥克與一位市場研究者馬克．厄爾斯（Mark Earls）合作，提出市場研究者會想知道他們的市場位於地圖的哪個部分。現在我們還要加入新的說法，真正高明的市場研究者會持續將新觀察到的資訊加入先前的知識裡，來預測未來。這種做法稱為貝氏推論（Bayesian inference）。如同我們所說的，持續的改變、學習、選擇、隨機事件，這四個元素會帶來人類行為模式的新時代。如果一個市場已經不處於左上了，那麼再去預測理性的最佳結果，就沒什麼意義了。如果市場處於右下，比較好的做法是以保險或安全投資的角度來看待：要將可能性最大化、將風險最小化、下許多小賭注，以因應無法預測性。可能性的分布、群體大小、發明率、互動網絡、時間長度，將成為跟隨潮流的重要指標。行銷的重點不再是滿足典型的消費者，而是有多少互相連結的消費者影響彼此的行為。諸如「品牌」的神聖性等老觀念，必須在更大、更符合人類學的人類行為地圖上重新改寫。

了解右下，可以幫助我們解釋為什麼市場會改變得比以前更快，而且也更難以預測。右下本來就具有難以預測的特質。在可控制的實驗環境裡，麥特．薩爾加尼克（Matt Salganik）、彼得．多茲（Peter Dodds）、鄧肯．瓦特（Duncan Watts）發現，當人們獨自行動時，會不斷地選擇同樣類型的音樂（也就是左上的行為），但是如果他們可以看到其他人下載什麼音樂，他們的行為就會變得比較像右下，也就是難以預測。雖然我們身邊無時無刻都充滿毫無意義的選擇和社會影響，大多數的行銷者還是會以個人的選擇作為預設的環境。然而，聰明的行銷者可以將這種錯誤的推論當作一種優勢。舉例來說，如果一個品牌在右下因未加思考的模仿行為而變得受歡迎，可以移動到左上，事後編造一些成功的理由，就可以讓這種幸運更為長久。或者可以移動到右上，因為名聲和品牌忠誠度。然而，許多行銷者誤以為是品牌忠誠度的情況，其實還是停留在右下，只不過是因為人們的惰性，而且這也會很短暫。銷售數據成為能否分辨右下和右上差別的關鍵。

以上這些利用地圖來分辨市場行為的範例，只不過是地圖使用方法的冰山一角。我們設計的這張地圖有足夠的彈性，讓人們可以將它作為一個跨領域溝通及宏觀研究的基礎，並加上自己的應用及改造。舉例來說，要和商業受眾或公共政策制定者溝通時，垂直軸可以改為最上方代表選項很少，最下方代表選項很多。有些心理學家認為垂直軸可以改為直接表示情緒，從下方純粹情緒化的決策（取代不透明）到上方是純粹的理性（取代透明）。事實上，如果情緒可以用來代指選項的透明度或強度，那麼這代表一種可以測量地圖垂直軸的補充方法。有些人認為水平軸也許可以用來研究其他重要的方面，例如大腦網路在情緒、社會刺激、社交焦慮、自閉症方面的神經連結動態。無論如何，若要讓這個地圖可以從史前時代到大數據時代，都能應用在做決策上，我們必須要有一個最精簡的結構，才能加入新元素，比如透過調查或文字探勘（text mining）收集到的情緒、不同時代的概念、親屬關係，或其他文化結構，還有考古紀錄中上千年的物質文化。

那麼我們之前說過的那些例子呢？他們會落在地圖上的哪一區？高中生選擇大學時，我們可以很輕易地知道她是在哪一區，因為她的效用函數（在此為搜尋標準）還有她的最佳高峰很容易辨識。如果她擁有自行做決定時所需要的全部資訊，利用在網路上收集到的資訊，或者諮詢顧問（在此為定向變異），她就是屬於左上。不過，也許她需要詢問一些已經有經驗的朋友，將這些朋友當作模仿對象來創造自己的效用函數，這就會讓她移動到右上。或者選項多到連她的朋友都無法找到最佳高峰（或甚至無法找到第二好），於是他們開始往右下前進，四處張望，並說：「我要選其他人選的那個。」又或者她已經選擇疲勞了，她嘆了口氣，把一份大學清單黏在牆上，丟飛鏢來決定。現在她就是在左下了。

那麼湯姆．布雷迪呢？我們認為他在左上，且不會改變。對他來說，適存度地形的最佳高峰一直都很清楚，至少在他打職業美式足球的期間。但是並非永遠都是這樣。所有的年輕球員都是透過社交來學習，向身邊的球員學習，尤其是那些在夏令營的同儕。他們訓練自己做出快速的決定，是結合了個人學習和社會學習，但是隨著時間的經過，社會學習會越來越少，社會教導會越來越多。

那麼布雷迪的球隊，新英格蘭愛國者呢？我們認為這支球隊也在左上，基於他們過去二十年的成功。在那段時期，他們表現得比其他球隊更好，所以他們一定知道「最佳性」的意思，但也不是永遠都是這樣。從一九五九年誕生起，直到一九九四年克拉夫特買下這支球隊以前，他們一直都很平庸，打進一些季後賽，包含一次超級盃（但是慘敗給芝加哥熊隊）。愛國者並不是唯一找到最佳高峰的球隊，但是許多其他球隊都在適存度地形的左上以外的地方。就像我們在第三章看到的，有很多球隊都是彼此模仿，隨隨便便就前往右下。

有一種行為，我們在第三章有提及，但沒有正式說明，就是確認偏誤（confirmation bias）加上虛弱的回饋迴路。確認偏誤是一種錯誤選擇或錯誤相信的形式，必須要有不斷重複的挑戰以及強烈的立即回饋，從而快速學習，找出最佳選擇。再說一次，這是貝氏思維（Bayesian thinking）的基礎，也就是你根據現有的環境線索，持續更新先前收集到的資訊。虛弱的回饋迴路會造成相反的效果，導致可怕的紅皇后效應。雖然確認偏誤和虛弱的回饋迴路，確實和社會壓力本身沒有什麼關連，但是有伊萊．帕理澤（Eli Pariser）所謂的同溫層（filter bubble），也就是你會讓自己和有類似偏好的人產生連結，使你的確認偏誤變得更加強烈。帕理澤所謂的連結指的是網路，但是也可以拿來形容那些用傳統方式經營的NFL老闆及決策者，因為大家都是這樣做。大多數的球隊永遠不知道在NFL採用貝氏思維是值得的。

翻到下一章，我們再來看看其他的「地形」，和美式足球沒有什麼關連，除了賺錢這一方面。克拉夫特和布雷迪可以跳過下一章，但是其他人都必須要看。

第七章
冒險的事業

到目前為止，大家應該明白，決策並不是鎖死在「地圖」上的某些區域，而可能四處移動，視時間與情況而定。舉例來說，你可能因為獨自一人，無法分辨風險與好處，而處於地圖左下方。不過，等到明天，你或許跟一些知識淵博的朋友談過之後，對問題有了深入了解，此時你便一點一點往上方移動。又或者你花時間認真思考一件事，突然想起你以前曾遇過這個問題。於是你叫出長期記憶，植入到工作記憶，此時你便移到左上方。這些是圓滿收場的案例，至於沒有完美結局的案例呢？我們來看兩個故事。

退休規劃

第一個故事是由決策地圖右上方出發，艾力克斯第一天去大學新教職報到。實際上他是從左下方出發，因為他對新工作一無所知，不過他逐漸朝右上方移動，熟記專家在新進員工訓練時告訴他的每件事，包括如何登入學校電腦系統，到何處搭乘校車，到何處購買足球票。有一場訓練課程是在說明健保與退休福利，員工們聽取各項退休計畫的說明，以及管理這些計畫的數家公司。如果你只是考慮每個員工面對的三個決策層面的所有可能排列——將不同的公司乘以他們提供的數十項不同計畫，再乘以不同出資程度——你會得出數千種可能的解決方案。這也是一個未來導向的決策，無數的未知數將可能影響一個人未來數十年的福祉。儘管他是懷著樂觀心情由地圖的右上方出發，艾力克斯現在茫然若失，立刻墜入左下方。

如果你滿足於往翻開的《華爾街日報》上射飛鏢，藉此做出決定，那麼你待在左下方也不錯。可是考慮到自己的前途，艾力克斯想要往上方走，可能是到左上方，繼承先人的最佳行為，依循一定的變動，或者是到右上方，由專家口中得知自己有哪些選項。就未來規劃而言，左下方可能是不適合做決定的危險地帶，因為最重要的演化變數在於複製成功。要記得，退休規劃這類事情的決定不僅影響你的未來，還有你的子女與孫子女的未來。從數千選項之中挑到最佳退休計畫的話，或許你的孫子女每個人都可以有自己的信託基金，讀得起四年的長春藤大學，但你要等到數十年後才能確定那是不是最佳計畫。長春藤大學加上他們建立的人脈，可能改變你後代子孫的適存度。

舉例來說，小布希總統畢業自耶魯大學，他的父親老布希總統及祖父也是，這並非意外。生物與文化上的傳承，都是複製成功的要素。O．J．辛普森的一名辯護律師，已故的羅伯．卡戴珊（Robert Kardashian），他的女兒們如同英國記者麥坎．馬格里奇（Malcolm Muggeridge）所說，因為名氣遠播而累積財富，就是因為她們的父親在正確的時間占據鎂光燈。當然，從演化角度來看，知名度絕對可以增進適存度。四〇及五〇年代的知名舞台女星塔盧拉．班克赫德（Tallulah Bankhead）極為熟悉適存度，她曾說過：「我不在乎他們說我什麼，只要有在說我就好了。」

回來談艾力克斯的員工訓練。為了邁向地圖的右上方，他決定請教專家，也就是大學簽約的理財顧問，進行個人諮商。他很樂意讓他們挑選他的退休計畫，不過他們問他，每項計畫各要投資哪些基金。其中的選項包括數十檔基金公司管理的基金，名稱像是「平衡型中型股基金」和「環球成長與積極卓越基金」，每檔基金持有各類的股票、債券和金融衍生商品。理財顧問拿給艾力克斯填寫的自我評估問卷也沒有幫助——「你希望有八五%機率獲得一〇%的年度回報，或是在某些年度有一五%機率虧損五%？」他還是困在左下方。

艾力克斯正處在一個崎嶇不平、變動的適存度地形，高峰緊鄰著低谷，一個小時的退休規劃諮詢將決定他的財務福祉。換句話說，艾力克斯為了邁向地圖的右上方而尋求專家建議，卻還是停留在左下

卡戴珊的女兒們。　圖片來源：S. Buckley, Shutterstock

方，而且必須在毫無透明度之下從無數選項中迅速做出決定。因為不知道哪些選擇最有利於他的子孫，他讓理財顧問代為選擇，簽了好幾個名字，並在每個蠅頭小字段落的最前面打勾，理財顧問便趕忙去赴下一場諮詢。這趟決策之旅結束在地圖左下方，代表最佳選項的高峰被濃霧遮蔽。效用函數？搜尋品？全都看不見。要記得，他為了到右上方而請教的專家是銷售人員，他們活在一個截然不同的適存度地形，依賴銷售業績，而不是一個人的財務福祉。

主動型股票交易員有什麼不同嗎？他們是否具備別人所沒有的透明度，進而擁有最佳選擇？我們都聽過交易員發大財的故事，他們有許多人跟我們一樣是普通人。我們不懷疑一些人展現選股的高超技巧，但我們知道他們是少之又少。例如，最近一項調查指出，九九%的當日沖銷客到頭來賠掉所有的投資資金。華倫．巴菲特（Warren Buffett）無疑是個例外，如果你想要跟隨他，建立一份和他一模一樣的資產組合，這也不錯，但是他並不是刀槍不入，他自己也明白。巴菲特在一九六四年買下新英格蘭一家紡織廠波克夏海瑟威公司（Berkshire Hathaway），可是這家公司耗盡資金，最後關門。他後來表示這是他愚蠢的投資。不過，巴菲特把這家公司當成投資平台，用以買進其他公司。波克夏海瑟威公司藉由投資遭到市場低估的低風險股，長期打敗股市大盤，投資人則享受獲利。投資人若是在巴菲特入主時，以大約十一美元的價位買下一股波克夏海瑟威公司股票，並長期持有，二〇一八年初時的價值已超過三十萬美元，每年回報率達二一%，遠高於大盤表現。

好吧，我們說，請巴菲特來做我們要在地圖右上方跟隨的專家，也就是透明的社會學習區塊。但是如同我們已談過，透明度不等於成功，無論你是要重現一個克洛維斯矛尖或者巴菲特的成功。我們懷疑有幾個人可以真正模仿巴菲特，即使每年五月第一個週末，在內布拉斯加州奧馬哈（Omaha）舉行的波克夏海瑟威公司年度股東大會吸引數萬人參加，且熱烈討論，並聆聽巴菲特與主管團隊的發言。我們敢打賭，其中一些人是很好的模擬者，他們有賺到錢，但絕不是好的模仿者。他們沒有一大群研究人員可供運用，也沒有時間自己去做研究，可是他們最起碼可以學到一些皮毛，協助他們登上一兩座高峰。更好的策略是投資波克夏海瑟威公司，讓巴菲特和他的團隊去傷腦筋。而且，巴菲特也比大多數基金經理人及公司執行長來得聰明與誠實。「我不希望有人是想要快速致富而買入波克夏的股票，」巴菲特向傳記作者愛麗絲．施洛德（Alice Schroeder）表示：「他們無法如願的。剛開始的時候，有些人會責怪自己，有些人則會責怪我。他們都會失望。我不想讓人們失望。從我開始交易股票以來，給予人們瘋狂期望的念頭便嚇壞我了。」這是波克夏A股每股價格超過三十萬美元的原因之一：讓資訊不足的人不要進入市場，保護他們的資金。巴菲特對一般投資人有什麼建議？投資指數股票型基金（ETF）。巴菲特被稱為「奧馬哈先知」（Oracle of Omaha），但我們稱他為「右上方之王」。

巴菲特是投資者的卓越典範，因為除了聰明之外，他還經由聽取團隊的建議來進行社會學習。當然，你或許自信滿滿，甚至不認為你需要有關風險與好處的建議，你認為這些事情極為透明，你可以在沒有協助之下，輕易登上最佳的高峰。如果你確實無所不知，我們將很樂意把你放到左上角，但是我們不禁要停下來問說：或許你只是以為自己知道而已。如果你錯了，會對自己和別人造成何種後果？我們接著讀下去，看看一個自我感覺的微小錯誤竟然釀成巨禍，並將適存度地形變成混亂的大海。

我要在這裡大幹一場

這條特別的決策道路牽涉到一連串意外，發生在二〇一五至一六年麥克擔任密蘇里大學藝術科學學院院長的期間。一八三九年創立於哥倫比亞，密蘇里大學是密西西比河以西最古老的公立大學。它是仿照湯馬斯・傑弗遜（Thomas Jefferson）的傑作：維吉尼亞大學，莊嚴的紅磚建築圍繞著大片草坪，著重藝術與科學課程，堅決維護學生與該州公民。依據一八六二年摩利爾法案（Morrill Act），它在一八七〇年獲得土地撥贈，一九〇八年加入我們在第五章提到的頂尖研究型大學聯盟：美國大學協會。哥倫比亞主要校區後來與另外三所大學，成為密蘇里大學系統。每個分校由校長主管，再向大學系統校監報告。

密蘇里大學之類的公立大學依賴學雜費收入，與州政府預算才能營運，而各州作風不同。一些州只提供微薄經費給公立院校，迫使它們必須依賴學雜費。到此為止，決策地形雖然崎嶇，至少還可以預測，只要學生人數成長或保持穩定。我們在第五章談過，因為人口老化或者其他大學的激烈競爭（或者兩者皆是）而造成學生人數減少，情勢便一發不可收拾。此時，招生主管、行政主管、獎助學金主管和行銷策略，將益形重要。但是，無論高教「地形」變得多麼複雜，大多時候大學的學院院長工作都是一成不變。大多數院長落腳在地圖的左上方，那裡的風險與好處看得清清楚楚。這不表示院長總是隨時注意；萬一事情出錯，極有可能是因為傲慢、疏忽，或其他十多種原因，但不會是因為資訊不透明。

二〇〇七到〇八年美國金融危機之後，密蘇里大學仍然可以增加招生人數，因為有一支很棒的美式足球隊、新學生宿舍、頂級休閒中心，和世界一流的新聞學院。可是，二〇一四年二月新任校長上任後，一切都改變了，新長官來自德州農工大學，口頭禪是：「這不是我的處女秀，我知道該怎麼做。」就像喜歡講這種大話的人一樣，情況並不是那樣。雖然當時沒有人知道，後來的一起意外在校方人員處置不當之下，慢慢點燃引信，最終釀成大禍。那起意外便是二〇一四年八月，麥克．布朗（Michael Brown）在密蘇里州佛古森（Ferguson）遭到槍殺，這個聖路易郊區在哥倫比亞東邊兩小時車程處。可想而知，校園裡許多的非洲裔美國學生希望討論安全、民權，及平等的議題。學生們設立各式各樣的論壇，但不久便明白他們被忽視了，他們的擔憂根本不被當成一回事。這似乎是個刻意的決定：「讓學生們表達擔憂，可是不要予以回應。過一陣子，就會沒事了。」

有一陣子，風波平靜下來，可是引信仍在持續燃燒，並在一年後爆發。二〇一五年八月的一個星期六早晨，研究生助理（研究型大學的生命線），一覺醒來赫然發現他們的學費減免與健保補貼都被取消了。經過學生與教職員暴風抗議之後，校長同意延長學費減免與健保補貼一年，但不同意恢復當年度稍早時被砍掉的住宅與子女照顧津貼。研究生揚言要組織工會，抗議持續不斷，情勢為之惡化。黑人學生加入，組成一個名為「一九五〇年憂慮的學生」（Concerned Student 1950）組織，意指大學招收黑人學生的第一年。他們為了吸引注意力，企圖阻撓二〇一五年秋季返校遊行，可是他們誤把大學系統校監的座車當成校長的車而攔下來。但是校監並沒有下車跟他們對談——他事後坦承這是一個差勁的決定，學生於是要求他下台。此時，大學校長只是短暫避開鋒頭。他沒有料到學院院長們已經怒不可遏，九月一個星期一早晨，校長把受聘不到一年的醫學院院長叫來，要求他簽署辭職信，否則就開除他，這起事件激怒了其他學院院長。遺憾的是，在混亂之中，腎上腺素爆發，長期利益不敵眼前利率。醫學院院長簽了辭職信。

麥克很早便下定決心，一定要把校長趕下台，以免他毀了這所大學。他獨自一人在「地圖」的左上方做出這項決定，不知道其他院長會做何反應。大多數的院長都很年輕，前程似錦，其中數人的孩子都還幼小。想要扳倒一所大學校長的風險其實很單純：如果失敗，你就完蛋了。在密蘇里州，唯有大學系統校監在諮詢過管理人理事會之後，才能開除大學校長。雖然他們也明確看到校園裡的問題，可是不到兩年時間便撤換校長，無異公開承認一開始聘用他就是個錯誤。一個接一個，其他學院的院長也獲悉情況，短短數週內，所有現任九名院長都站在同一陣線。他們完全明白風險，而賭上自己的前途。他們都不是位於「地圖」的下方。

與此同時，校園裡的情況雪上加霜。十一月八日，黑人美式足球隊員宣布，他們決定杯葛即將舉行的楊百翰大學對抗賽，他們的隊員與教練也支持他們。這項舉動激怒了數千名密蘇里球迷。此外，一名黑人研究生不久前宣稱他將絕食到死，直到大學系統校監下台為止。不過，是在大學校長管理下，事情才變得一團糟。黑人學生開始發動罷課與遊行，並在一個廣場上宿營。

讓二〇一五年十一月十一日當晚的局面更加混亂的是，推特上開始瘋傳「#為密蘇里祈禱」（#PrayforMizzou）的主題標籤，警告居民說三K黨進城了，將與當地警方聯手獵殺黑人學生。一名推特用戶上傳一張黑人孩童被痛毆的照片，宣稱那是他的弟弟。當然不是。那是一張俄亥俄州一年前的舊照。其他推文宣稱，各地傳出槍擊、刀砍與放火。甚至連學生會主席，一名年輕黑人男子，都加入行動，在臉書上貼文表示：「學生們，請小心。遠離宿舍大樓的窗邊。已證實校園裡出現三K黨。我正與校警、州警與國民兵合作。」他後來撤下這則不實的貼文，但傷害早已造成。

這些不實宣稱應該被視為荒誕不經，但是數以千計的白人與黑人都信以為真。這種舉動屬於「地圖」上的右下角，也就是羊群效應發生之處。同時，一名大學女性職員與一大群人包圍黑人學生在廣場上的營地，被攝影機鏡頭拍到她推開一名校園記者並高喊：「我要在這裡大幹一場！」意思是叫記者們不要亂來。這個畫面在隔天晚上的電視機被數千萬人看到，引發數千封電郵與推文，大多是揚言要取她的性命。這是群眾蜂擁到「地圖」右下角的另一個案例。

為求速戰速決，學院院長們於十月中旬跟校長在大學系統校監的辦公室開會，每個人都告訴他，他們要求他下台。十一月九日，《高等教育紀事報》（*Chronicle of Higher Education*）記者傑克．史特普林（Jack Stripling）報導，院長們做出最後一搏。他們寫給大學系統校監和管理人理事會一封信，要求大學校長立即下台，指出他不配作為一名領導者，「藉由威脅、恐懼和恫嚇，製造有毒的環境」。這封信當天早晨稍後便被洩漏給媒體，如同史特普林所說的，院長們「賭上一切」。這項集體決策影響到個人適存度。當天傍晚，大校校長便辭職了。

這就是故事的結局嗎？還差得遠呢。校長下台後，密蘇里州議會共同決定懲罰該大學任由混亂發生。接著，學生與家長開始用腳投票。二〇一六年秋季班的招生人數令人震驚，比二〇一五年秋季班少了二千名學生，翌年又再少了二千名學生。新上任的招生副校長指出，校方研究招生遽減的原因，結論是：「我們大學部招生問題絕大部分與本校在全州與全國的大眾觀感問題有關。」真的嗎？我們希望該大學沒有花費大量時間與金錢來做出這種結論。學雜費收入銳減造成財務危機，重創該大學許多年。在我們看來，這整起事件源於在「地圖」左下方做出的決定以及行動的驅使。

　　事後來看，一名深孚眾望的行政主管被任命為暫代校長之後，校園逐漸恢復正

圖片來源：Mark Schierbecker, YouTube

常，這位主管是站在「地圖」的左上方。醫學院院長復職了，其他院長額手稱慶，美式足球教練「因健康之故」退休了。但是，假如球員計畫杯葛即將舉行的比賽時，該名教練回答：「孩子們，我把你們每個人當成像自己的兒子一樣，我尊重你們不要出賽的決定。可是，我希望你們知道，如果你們走出那扇門，你們就要放棄手上的獎學金，因為我要把獎學金轉給週末夜參加堪薩斯市比賽的那些球員。祝你們好運。」我們不禁懷疑，情況會變得怎樣。他沒有做出那項決定，讓大學付出慘重代價，失去校友、學生和州議會支持。最後，二〇一五年十一月那個致命的夜晚，引發軒然大波的推文及轉發，說三K黨及新納粹出現在哥倫比亞市，原來是出於俄羅斯駭客之手。我們應該感到驚訝嗎？不。我們應該驚訝人們放任自己被駭客與聊天機器人操弄，而沒有做出獨立決定嗎？是的。我們看下一章，了解事情可能有多糟。

第八章
右下方的人生

在決策的總體層面——就像是用很寬的刷子粉刷——人類的演化可能以順時鐘方向，由決策地圖左上方的個人學習前進到右上方的群體傳統，發展出社會腦，隨著資訊與互聯的人口規模爆增，接著來到下方，尤其是右下方。如果我們考慮史前的小型人類社會，重要的資源分配決定將是在地圖的上方進行，較為明確的行為則介於左上方到右上方之間。健康決策也是這種情況。喬・亨利奇（Joe Henrich）與詹姆斯・布洛沙奇（James Broesch）詢問南太平洋亞薩瓦群島（Yasawa Islands）的島民：「如果你對使用某種草藥有疑問時，你會去請教誰？」數位島民被視為專家，比別人高出二十五倍的機率提供草藥建議。

然而，在今日緊密連結的大世界，我們不禁懷疑：「這年頭大家都可以追蹤趨勢了，尤其是熱門趨勢，誰還需要角色模範與專家？」可是，我們在第六章看到，流行趨勢往往是短暫的，而且不斷推陳出新。在這種學習過程中，越來越難察覺哪些選項實際上比其他的好一點。這種情況使得決策往地圖下方移動，弔詭的是，這意味著現代多元化的消費經濟或許不如以往的社會，對於測試及篩選可以改進生活的技術與醫藥而言，不是那麼有效率。

我們在第七章談到，決策地圖左下方的生活可能變得很糟，那麼右下方的生活呢？那對我們的適存度有何影響？首先，如果我們去到右下，擴散心智（distributed mind）——個人思考所帶來的巨大適存度好處，開始腐蝕，甚至到了完全從眾行為的程度。屆時，群眾智慧效應將喪失。在充斥線上通訊與資訊轟炸的經濟體，重要的人類決策在投票、氣候變遷、輿論形成，及金融等環境下變得越來越從眾。另一個出現這種情況的領域是我們三位作者日常遇到的：學術發表。我們來看看研究行為和知識傳播等方面的決策，是如何在地圖上移動，如今正前進到右下方。

重賞之下必有勇夫

數年前，麥克和妻子葛蘿莉亞赴韓國首爾訪問，討論密蘇里大學和一些韓國大學學術交流事宜。有一次拜會時，一所名門私立大學的校長請教麥克，他心目中的全球頂尖三大科學期刊是哪些。前兩名很簡單，《科學》（*Science*）及《自然》（*Nature*），不過麥克想了一下才回答《細胞》（*Cell*）是第三名。「沒錯，」這位校長回答，對麥克的答案感到很滿意：「我們稱它們為SNiCk，」他接著說：「密蘇里大學付給研究人員多少錢在這些期刊發表論文？」麥克沉默不答，因為美國大學並不支付獎金，他反問那位校長是否支付獎金，有的話是多少。那位校長回答：「二萬五千元。」麥克以為校長是說二萬五千韓元，相當於二十五美元，但校長跟他保證說，他的英語絕對比麥克的韓語好。校長回答，他必須這麼做才能讓他的教職員擺脫地域心態，走上世界科學舞台。知道麥克下一所要去參訪的大學之後，那位校長據說請他詢問該大學的付費水準。結果，那所大學每篇文章給付驚人的十萬美元。第二所大學的校長自豪地表示，那一年他已簽發了兩張支票。麥克跟葛蘿莉亞說，他們要立刻搬到韓國住才行。

這種獎勵手段必然改變「適存度地形」，但改變將是緩慢的。儘管有重賞的誘因，文章發表在《科學》、《自然》及《細胞》的機率微乎其微，若沒有在高知名度、高影響力的學術期刊發表文章，機率甚至更加渺小。包括美國在內，世界各地大多數研究人員的替代方法是利用過去數年，市場上出現的大量學術期刊。沒錯，我們指的確實是市場上。全球期刊發表所創造的收益，每年超過一百億美元。大約三萬份號稱同儕評閱的期刊，每年發表數百萬篇論文，這還不包括非同儕評閱的期刊。等一下再回來詳談這個問題。

想想今日與一六六五年的差異吧，當時倫敦皇家學會（Royal Society of London）在英王查理二世委任及約翰·威爾金斯（John Wilkins）主教領導下，發行《自然科學會報》（*Philosophical Transactions*）創刊號。十七世紀皇家學會的成員包括建築家與天文學家克里斯多佛·雷恩（Christopher Wren），現代化學之父羅伯·波義耳（Robert Boyle），物理學家羅伯·胡克（Robert Hooke）和伊薩克·牛頓（Isaac Newton）。這個學會絕對是位於地圖的右上方，專家與專家合作奠定化學、生物學、物理學和啟蒙運動的基礎——自由思考的人們所組成的「群體智慧」。在沒有同儕評閱之下，這些專家得以彼此交流，透過理想化的科學程序挑選最佳的概念，亦即假說的獨立可驗證性，經由科學結果的明確、普遍傳播。這正是哲學家菲利普・基徹（Philip Kitcher）所說的統一、繁殖力和可驗證性，進而匯集成群體智慧。

以往學術期刊往往每季發行。有一些期刊較常發行，但即使如此，你還是可以設法跟上新資訊的腳步。如今，縱然是老練的研究人員也跟不上。當然，造成改變的正是網際網路。現今在網路發表的文章不計其數，紙本期刊已落後許多年。一些期刊甚至取消卷號期號，只用數位物件識別碼（DOI）簡單索引列表文章。開放取用、同儕評閱的巨型期刊（megajournals），例如《*PLOS ONE*》、《*Palgrave Communications*》和《科學報告》（*Scientific Reports*），一年發表數千篇論文，向作者收取一篇論文一千美元以上的費用。看中可以創造營收，大學出版社亦紛紛加入。例如，加州大學出版社於二〇一一年創立《*Collabra*》，一篇論文收費八百七十五美元。發表論文的「地形」上還包括數千份新創立的期刊，名稱冠冕堂皇，但不過是收費入場的低劣刊物。學術界每天都會收到垃圾信，邀請他們在新設立的期刊發表。電郵開頭通常是這麼寫的：

可敬的M・J・歐布瑞恩：

拜讀您的大作〈北美古印第安人殖民〉之後，我們誠摯邀請您在我們新創立的期刊《泌尿世界的進步》發表論文。您可提供新論文或先前已發表過的。篇幅可長可短。作為創刊號的供稿者，我們將不會向您收取發表費用。

哇，真是太划算了。免收一千五百美元的發表費用，並且有機會在跟你的專業完全無關的期刊發表。任何人都會毫不猶豫掌握機會，即使期刊主編把你的姓氏寫錯了。遺憾的是，真的有很多人這麼做了。隨著越來越多研究者登上國際學術舞台，不對論文進行同儕評閱的期刊數量只會增加，而學術發表的付費入場制將蔚為主流。

那些韓國大學校長知道，在哪些期刊發表論文是一個人智慧適存度的最重要因素。學術界人士的評估標準是他們論文的品質，而不是發表的數量（最好是）。在有名聲的大學，評閱同儕著作的教職員委員會不應該被低劣的付費發表期刊給愚弄，尤其是他們有眾多工具可以使用時，包括一篇論文被引述多少次，以及一份期刊的影響力是什麼。期刊的影響力是（或者應該是）決定在哪裡發表著作的重要因素。

由於被文章淹沒，即使是最熟練的研究人員也不知道該從何處著手，評估相關與合格的大量文獻。雖然有一些方法可以抄捷徑，但各有其缺點。一個方法是只閱讀「SNiCk」或其之類的期刊，這個方法屬於決策地圖的右上方，因為你認同那些一流期刊的主編是專家，只接受其他專家的論文。可是，你將錯過許多優質期刊，它們或許不是一流的，但也很接近了。另外一條捷徑是只關注你的朋友與同事的著作，可是布洛克與他的同事史蒂芬・杜勞夫（Steven Durlauf）二十年前便證明，這種做法將形成學術卡特爾（cartels，壟斷聯盟），裡頭的成員只閱讀及引述其他成員的著作，忽略組織以外的相關研究。就社會學習而言，他們變成適存度地形上的收集者，而不是把他們的努力區分為收集及生產。

另一個日益普及的方法是利用電腦幫你評估。芝加哥大學的詹姆士・伊凡斯（James Evans）和雅各・佛斯特（Jacob Foster）指出，電腦可以「迅速存取作者、名詞與機構的量化與相關資訊」，再比對「數百萬篇文章與越來越多的電子書」。這類的數據抽取現在已蔚為主流，但也有其極限，尤其是在評估眾多研究數據的品質時。愛思唯爾（Elsevier）是一家大型期刊出版商，有一項名為「SciVal」的工具，可分析逾九千家研究機構的引述資料，探測二百三十個地區與國家的研究競爭力。為了適應這種狀況，學術界要讓他們更容易被發掘。已有超過百萬名學者擁有開放的研究員和貢獻者ＩＤ（ORCID ID），這是一家非營利機構在二〇一二年設立的一套辨識碼系統，作為個別研究者註冊登入一個應用程式界面之用，好讓不同系統可以共享研究者的資訊。這才只是開端而已；閱讀論文的電腦演算法，以及可讓電腦更容易閱讀那些論文的後設資料同步演化，將促成完全電腦化、假設驅動（hypothesis-driven）的科學，無論是好是壞。

現在人人都是科學家

如果聽起來學術發表已變成一個電子市集，那是因為確實如此。以前的情況則正好相反。啟蒙運動之後的三個半世紀以來，我們每天都要做出數百項決定，收集與評估資料，通常是針對全新的情況與挑戰。以前，你可能是個種馬鈴薯的農夫、彈奏班鳩琴的樂手、鐵匠或紡織工，因為你的父母在你年幼時便教導你這種技藝。現在，由於我們可以即時取得資料與趨勢，每個人似乎都是科學家。想要知道誰才是專家，變得極其困難。變革的力量不再穩定地來自於倫敦皇家學會。如同我們在第七章看到，決策可能點燃細微的引信，乍看之下好像不連貫，卻將成為在群眾間蔓延的事件引爆點。適存度地形不僅崎嶇，而且風險與好處不斷在改變。在這裡，你很難找到最佳的選項。在社群媒體時代，假新聞似乎已成為常態而非例外，專業與理性選擇的概念已變得很可笑。

假新聞的命脈是社群媒體，尤其是臉書和推特。在「地圖」上來看，每當有人發出一則推文，我們可將之視為個人學習活動，屬於地圖左方。當有人轉發這則推文，便是模仿活動，屬於地圖右方。如果有人在推特發表個人的發現，他們由創意、研究、觀察，或實驗發現的事情，那麼便屬於地圖左上方。真正的「尤里卡」發現（「Eureka!」意為：我發現了！）是地圖左上方的個人、透明決定，若是有人亂發垃圾推文，只是想炒作話題，那就是在地圖的左下方。如果人們只是因為別人都在講同一件事便轉發推文，那就是在地圖的右下方，而這類隨機模仿可能造成嚴重後果。

那麼，地圖右上方的透明社會學習呢？這個區塊最重要的變數是，我們在模仿誰，而不是什麼事或者正不正確。聲望不僅攸關我們是否相信那則訊息，群體認同或許和事實同等重要。如果我們認同一則訊息，我們或許會轉發，這跟我們是否認為傳言屬實，一點都沒有關係。至於傳言的繁殖力（迷因），唯一重要的是我們是否加以傳播。因此在地圖右上方，儘管我們預期資訊充足的社會學習，實際上卻充滿大量虛假消息，然而那些分享消息的群體還是認為它是真實的。訊息的社會隸屬感往往十分透明，即便其內容是假的，就好比你穿上愛國者隊的球衣，可是你的體型一眼便可看出你從來沒打過美式足球，當然更不曾效力於新英格蘭愛國者隊。

雖然黨派立場可能不利於公眾利益，但是跟隨你的族群行動有著透明的社會邏輯，也就是屬於地圖右上方。一項針對推特的追蹤與轉發行為的研究顯示，網路對立的程度自二〇〇九年來已增加大約二〇%。線上社會網絡分化嚴重，每個團體都選擇各自喜歡的假消息。這種抱團取暖的心態稱為同質性（homophily），進而可能造成資訊排序。然而，社群媒體不過是延續二十世紀中葉以來便已出現的一種黨派立場。賓州州立大學的克麗歐・安德里斯（Clio Andris）及她的同事發現，一九四九至二〇一二年之間，美國眾議院立法決策兩黨達成協議的情況已穩定減少。在那六十餘年間，紅藍陣營，亦即表決法案時的立場，由二戰以來的互相合作，演變成為兩大陣營，一邊是紅，一邊是藍，中間只靠少數堅持跨黨合作的議員溝通。安德里斯及她的同事結論指出，政治派系毫無減緩或扭轉的跡象。

我們無法脫離地圖右上方的部族文化嗎？如同行為經濟學家丹尼爾・康納曼所說：

「思考對人類而言，好比貓咪游泳；牠們可以游泳，但不喜歡。」想像有一個人在推特看到假消息，卻抗拒團體隸屬感，而去查證事實，然後推文指出傳言是錯誤的。人們於是移回到地圖左上方，但時間可能不長久。因為查證過事實的訊息無趣乏味，無法煽動網民戰爭，根本不會傳開來。假設是一則打臉挑釁的爭論，便可能引發所支持的黨派瘋狂轉發。如果有這種情況，兩派陣營便會加以扭曲，支持的一派加油添醋，反對的一派同樣誇大其辭。隨著訊息流傳，誇張及煽情的元素會保留下來甚或放大，如同我們在第七章提到密蘇里大學的案例。

麻省理工學院的思南．艾瑞爾（Sinan Aral）及其同儕的研究顯示，真新聞與假新聞在網路上的傳播方式不同，正好符我們在地圖上的預期一樣。包括謠言傳播的幅度與速度（假新聞在這兩方面都更快），以及內容的煽動程度（假新聞往往更為驚悚、噁爛及嚇人）。推特上每次的傳播事件都是一個傳言串（rumor cascade），用戶在推文裡斷定一個話題，其他人轉發來加以宣傳。傳言串規模可大可小。如果一則傳言分別被十個人發出推文，卻沒有人轉發，就會形成十個傳言串，每個傳言串規模不一。如果另一則傳言被兩個人分別發出推文，一則被轉發一百五十次，第二則被轉發二千次，那麼就有兩個傳言串，規模各不相同。

艾瑞爾及其同儕觀察二〇〇六到一七年之間，推特上的十二萬六千個傳言串，經由「factcheck.org」等機構查核事實，並有至少九五％的事實查核者同意該傳言屬實或虛假。他們測量每個傳言串的三種特性。傳言串規模（size）指的是轉發一則推文的總人數。深度（depth）是指由最後收到這則訊息的人需要倒回多少次才會回到最初的推文，就像傳動鏈的長度一樣。寬度（breadth）則是同一時間有多少不同的傳動輪在運轉。傳言串規模的寬度與深度，就像是一棵樹木的分枝。寬度是有多少樹葉，深度則是由一片樹葉到樹幹之間有多少樹枝。另一項指標，他們稱為結構性病毒式傳播（structural virality），用以區別藉由單一傳播或名人、以「r」曲線傳布的消息，以及經由多重傳輸鏈複製、以「S」曲線傳布的消息。

麻省理工學院這項研究符合我們決策地圖的預測，亦即真消息傳言串的規模、深度和寬度分布都比較短尾，而假消息則比較長尾。這種模式使得真消息位於地圖左方，而假消息位於右方，這是很有道理的，因為真消息比較可能被個人思考。事實上，比起假消息，真消息需要更多時間才會在用戶間傳播。認真思考消息既花時間又費精神，模仿同儕就省事多了。換句話說，被分享出去的真消息，在社會層面之中夾雜著個人學習的因素，在分布上應該比較短尾。不意外的，假消息則是長尾分布，如同我們預期在地圖右方看到的情形。

這些傳言串是位在地圖上方或下方呢？當然，我們預測真消息位於上方，而假消息位於下方。如前述，麻省理工學院團隊發現，假消息散播得更遠更快，而且往往比真消息更為荒誕不經，或離奇古怪。真消息比較可能是悲傷或快樂的，值得信任。同樣的，人們花更多時間去思考真消息，對於其回報做出更透明的考量，而假消息的處理方式則如同我們在離奇古怪的情況下依賴群眾反應一樣。相信假消息可能使我們感到驚恐，而在某些方面，這種驚恐是長時間累積的。例如，至少自一九八〇年代以來，英語書籍裡頭有關恐懼的用字一直增加，反觀大多數其他情緒的用字自二十世紀初葉以來便逐漸減少。為什麼？或許是因為親屬群體解散，人們從未遇過的決定大量增加，由重大到細瑣。對於習慣和熟識親屬的小型群體住在一起，根據代代相傳的適應性文化做出決定的人類而言，這必然很困擾。

決定疲勞

在我們生活的這個時代，亞馬遜網站銷售的商品超過五億種。這種驚人的選項數量，使得自由媒體公司（Liberty Media）董事長約翰．馬龍（John Malone）將之稱為逼近地球各種產業的「死星」（death star，譯注：《星際大戰》系列電影中的終極武器），而我們以前認為亞馬遜不過是一家奇特的線上書店。牛津大學教授埃里克．拜因霍克（Eric Beinhocker）表示，現代西方人類選擇爆炸性成長，跟一萬年前我們狩獵採集的祖先所面對的「在複雜性與多樣性有著上億的不同」。

把亞馬遜購物跟本書討論的其他決定相提並論似乎很奇怪，例如挑選陪審團、一名年輕女性挑選大學、如何為自己的退休計畫和子女進行投資，甚至應該選拔哪個四分衛，但是我們認為這是很有道理的，因為看似微小，甚至不重要的決定都會消耗我們的腦力。佛羅里達大學的艾納．塞拉（Aner Sela）和賓州大學的同儕約拿．博格（Jonah Berger）是這麼說的：「人們時常發現自己陷入繁瑣決定的泥淖之中。我們煩惱該買什麼牙刷、訂什麼航班、廚房要粉刷哪種白色調。雖然常識與大量研究建議，人們應該對於重要決定深思熟慮，為什麼人們有時仍然困在看似無關緊要的選擇之中？」塞拉與博格認為，後設認知影響力是造成這種決策流沙（decision quicksand）的原因。他們的前提是，人們將決策時體驗到的主觀困難，當成應該花多少時間與精力的提示。我們預期人們比較難以做出重大的決定，因為涉及更高的風險，因此我們預期看似微不足道的事件更容易決定，因為做出差勁選擇的風險較低。

可是，當一項決定突然、意外地變得困難，或許是因為太多選擇、資訊超載，或是風險與回報相互矛盾，我們該怎麼辦？塞拉及博格認為，人們或許會得出逆向推論，認為這項決定很重要，需要花更多注意力。如此一來便增加人們做出決定的時間。由於我們把一項決定的重要性跟決定難易度連結起來的傾向太過強烈，我們有時故意把「感覺」太容易的重要決定複雜化，好讓我們自信滿滿的說我們已採取適當的謹慎。我們不妨走一趟沃爾瑪的牙膏走道，花幾分鐘觀察身邊的人決定購買什麼品牌。他們不會像決定買房子或者讀哪所大學那麼花時間，但是我們敢打賭，我們注意到至少一或兩個人陷入溫和形式的決策流沙。如果他們伸出手，隨便拿一管牙膏，他們便是位在地圖的左下方。如果他們環顧周遭的購物車，跟著購買最受歡迎的品牌，他們便是位在右下方。

未來將會怎樣

挑選牙膏品牌所造成的決定疲勞是一回事，但是我們在面對更為嚴肅的議題時將何去何從，例如全球暖化、新聞的真假，或者外國勢力干擾美國的生活、科學及政治。在我們看來，在這些重大議題上，我們正急速奔向地圖的右下角。儘管有關全球暖化的資訊一籮筐，大多數美國人仍對這件事嗤之以鼻，斥為左派科學家與消息人士在嚇唬人們，根本懶得去了解這種說法背後的科學。當然，科學家本身也未必能夠分辨全球暖化與人類對暖化造成何種影響之間的差異，這使得他們可能做出錯誤詮釋。

就我們看到的後果，以及我們甚至還沒有看到冰山一角來說，外國勢力干預尤其值得憂慮。舉例來說，美國司法部新近一項調查估計，二〇一三到一八年，為伊斯蘭革命衛隊（Islamic Revolutionary Guard）工作的九名伊朗人，竊取世界各地三百二十所大學近八千名教授三一．五兆位元組的文件與資料。其中近四千名教授為美國人，報告估計，聘用他們的一百四十四所大學因為被盜的資料而損失大約三十四億美元。資料被竊是一回事，可是比起駭客可能引發的社會不安與暴力，那根本不算什麼，尤其是我們對駭客門戶洞開之際。密蘇里大學學生之間產生恐懼，尤其是黑人學生，有大部分是先前的差勁決定所引起，這給了俄羅斯駭客挑撥離間的大好機會。他們可以在數小時之間，利用一小撮使用者及大約七十個聊天機器人程式來綁架推特熱門話題，營造出三K黨與其他極端主義組織在哥倫布市區橫行，看到黑人就圍毆的場景，值得人們正視這個問題。

更令人擔憂的驚人事實是，這些聊天機器人程式成功入侵推特用以對抗這類推文的演算法。如同歐森・威爾斯（Orson Welles）在一九三八年推出赫伯特・喬治・威爾斯（H. G. Wells）的《世界大戰》（*The War of the Worlds*）電台廣播劇所證明，不必軍事入侵便可製造恐慌與驚懼。火星人入侵的實況報導也有相同作用。現今，熟悉社群網路使用者在遇到不可置信的新聞會有何種行為的一些駭客，也能製造這種局面。如果我們無法改善獲取資源的來源，那麼可以確信的是，我們的決定大多將不是最好的，甚至可能是糟糕透頂。

萬一我們淪為地圖右下方的生物，我們就把所有決定都外包給群眾就好啦。我們可以看到數千萬好友的想法就好了，幹麼要擔心全球暖化的原因？我們可以依賴一些政客告訴我們那是假新聞就好了，幹麼要擔心俄羅斯駭客暗中操弄選舉？如此一來，我們便能高枕無憂，因為別人都幫我們做好決定了，我們可以認真上臉書去跟我們素未謀面的人聊天。

不然，我們可以相信陰謀論說，二〇一二年康乃狄克州牛頓鎮桑迪胡克小學槍擊案是美國政府捏造的。如果我們花很多時間在臉書，我們或許會相信這個社群平台設立的目的，其實是為了吞噬我們的時間與注意力。當我們上臉書時，不必理會今天信箱裡收到的「假」陪審團徵召信，因為現在判決都已經群眾外包了。不過，別煩惱。你還是可以感受到法庭的各種刺激快感，因為審判都有電視轉播，尤其是預審時收視率最高。讓開吧，茱蒂法官，您庭上的室友搞外遇的故事，跟精彩的謀殺案審判相比之下簡直小巫見大巫。順帶一提，務必去哈拉博彩公司（Harrah's）看一下賠率，就群眾外包的審判結果下一點預審賭注吧。〔譯注：茱蒂·謝德林（Judith Susan Sheindlin），是前曼哈頓家事法庭法官，主持一九九六年開播的美國法庭實境節目《茱蒂法官》（*Judge Judy*）。〕

說到哈拉博彩公司，務必看一下愛國者隊與紐奧良聖徒隊週日夜晚比賽的大小盤（over and under，譯注：全場得分大於或小於某個數字。）如今，美式足球有電競比賽，角色逼真的電玩《勁爆美式足球》（*Madden NFL Football*）都賣不出去了，你不必擔心布雷迪在週二到週日之間會腿受傷，但是你仍然必須擔心像是漏接、攔截等電腦為了讓比賽有看頭而製造出來的隨機事件，不過ＮＦＬ設定球員永遠不會受傷的規則。對我們這些支持《夢幻美式足球》（*Fantasy Football*）球隊的數百萬人來說，這是好消息。況且，球員可以永遠打下去，直到他們被群眾外包為止，屆時他們就要退休了。地圖右下方的人生確實不一樣啊。

參考書目

作者序

Anolik, Lili. "How O. J. Simpson Killed Popular Culture." *Vanity Fair*, May 7, 2014.

Bentley, Alex, Mark Earls, and Michael J. O'Brien. *I'll Have What She's Having: Mapping Social Behavior*. Cambridge, MA: MIT Press, 2011.

Bentley, R. Alexander, and Michael J. O'Brien. *The Acceleration of Cultural Change: From Ancestors to Algorithms*. Cambridge, MA: MIT Press, 2017.

Bentley, R. Alexander, Michael J. O'Brien, and William A. Brock. "Mapping Collective Behavior in the Big-Data Era." *Behavioral and Brain Sciences* 37 (2014): 63–119.

Kahneman, Daniel. *Thinking Fast and Slow*. New York: Farrar, Straus and Giroux, 2013.

Lewis, Michael. *The Undoing Project: A Friendship That Changed Our Minds*. New York: Norton, 2016.

Newton, Jim, and Shawn Hubler. "Simpson Held after Wild Chase: He's Charged with Murder of Ex-

Wife, Friend." *Los Angeles Times*, June 18, 1994. http://www.latimes.com/local/la-oj-anniv-arrest-story.html.

Prechter, Robert R., ed. *Socionomic Studies of Society and Culture: How Social Mood Shapes Trends from Film to Fashion*. Gainesville, GA: Socionomics Institute Press, 2017.

Thaler, Richard H. *Misbehaving: The Making of Behavioral Economics*. New York: Norton, 2016.

第一章

Alland, Alexander, Jr. "Cultural Evolution: The Darwinian Model." *Social Biology* 19 (1972): 227–239.

Bentley, R. Alexander, and Michael J. O'Brien. "The Selectivity of Social Learning and the Tempo of Cultural Evolution." *Journal of Evolutionary Psychology* 9 (2011): 125–141.

Bettinger, Robert L., and Peter J. Richerson. "The State of Evolutionary Archaeology: Evolutionary Correctness, or the Search for the Common Ground." In *Darwinian Archaeologies*, edited by Herbert D. G. Maschner, 221–231. New York: Plenum, 1996.

Binford, Lewis R. "Post-Pleistocene Adaptations." In *New Perspectives in Archeology*, edited by Sally R. Binford and Lewis R. Binford, 21–49. Chicago: Aldine, 1968.

Braidwood, Robert J. “Archeology and the Evolutionary Theory.” In *Evolution and Anthropology: A Centennial Appraisal*, edited by B. J. Meggers, 76–89. Washington, DC: Anthropological Society of Washington, 1959.

Braidwood, Robert J., and Charles A. Reed. “The Achievement and Early Consequences of Food Production.” *Cold Spring Harbor Symposia on Quantitative Biology* 22 (1957): 19–31.

Childe, V. Gordon. “The Urban Revolution.” *Town Planning Review* 21 (1950): 3–17.

Flannery, Kent V. “A Visit to the Master.” In *Guilá Naquitz: Archaic Foraging and Early Agriculture in Oaxaca, Mexico*, edited by K. V. Flannery, 511–519. Orlando, FL: Academic Press, 1986.

Hole, Frank, Kent V. Flannery, and James A. Neely. *Prehistory and Human Ecology of the Deh Luran Plain: An Early Village Sequence from Khuzistan, Iran*. Memoir, no. 1, Museum of Anthropology, University of Michigan. Ann Arbor, 1969.

Lathrap, Donald. “Review of *The Origins of Agriculture: An Evolutionary Perspective*, by David Rindos.” *Economic Geography* 60 (1984): 339–344.

Leacock, Eleanor. “Introduction to Part I.” In *Ancient Society* (1877), by Lewis Henry Morgan, i–xx. New York: Meridian, 1963.

Los Angeles Times. "The O.J. Simpson Murder Trial, by the Numbers," April 5, 2016. http://www.latimes.com/entertainment/la-et-archives-oj-simpson-trial-by-the-numbers-20160405-snap-htmlstory.html.

Mesoudi, Alex. "An Experimental Simulation of the 'Copy-Successful-Individuals' Cultural Learning Strategy: Adaptive Landscapes, Producer–Scrounger Dynamics, and Informational Access Costs." *Evolution and Human Behavior* 29 (2008): 350–363.

Morgan, Lewis Henry. *Ancient Society*. New York: Holt, 1877.

Muthukrishna, Michael, and Joseph Henrich. "Innovation in the Collective Brain." *Philosophical Transactions of the Royal Society B* 371 (2016): 20150192.

Rindos, David. *The Origins of Agriculture: An Evolutionary Perspective*. Orlando, FL: Academic Press, 1984.

Scott, James C. *Against the Grain: A Deep History of the Earliest States*. New Haven, CT: Yale University Press, 2017.

Shennan, Stephen J., and J. R. Wilkinson. "Ceramic Style Change and Neutral Evolution: A Case Study from Neolithic Europe." *American Antiquity* 66 (2001): 577–594.

Surowiecki, James. *The Wisdom of Crowds: Why the Many Are Smarter Than the Few*. London: Abacus,

2004.

Tylor, Edward B. *Primitive Culture*. London: Murray, 1871.

第11章

Darwin, Charles. *On the Origin of Species by Means of Natural Selection,or the Preservation of Favoured Races in the Struggle for Life*. London: Murray, 1859.

Endler, John A. *Natural Selection in the Wild*. Princeton, NJ: Princeton University Press, 1986.

Lamarck, Jean-Baptiste. *Philosophie Zoologique, ou Exposition des Considérations Relatives à l'Histoire Naturelle des Animaux*. Paris: Museum d'Histoire Naturelle, 1809.

Leonard, Robert D. "Evolutionary Archaeology." In *Archaeological Theory Today*, edited by Ian Hodder, 65–97. Cambridge: Polity Press, 2001.

Mill, John Stuart. "On the Definition of Political Economy, and on the Method of Investigation Proper to It." *London and Westminster Review*, October 1836.

Nelson, Philip. "Information and Consumer Behavior." *Journal of Political Economy* 78 (1970): 311–329.

Smith, Adam. *An Inquiry into the Nature and Causes of the Wealth of Nations*. London: Strahan and

Cadell, 1776.

第三章

Bergstrom, Theodore C. "Evolution of Social Behavior: Individual and Group Selection." *Journal of Economic Perspectives* 16 (2002): 67–88.

Bilalić, Merim. *The Neuroscience of Expertise*. Cambridge: Cambridge University Press, 2017.

Brown, Mark. "How Driving a Taxi Changes London Cabbies' Brains." *Wired*, September 12, 2011.

Dennett, Daniel C. *Darwin's Dangerous Idea*. New York: Simon & Schuster, 1995.

Drachman, David A. "Do We Have Brain to Spare?" *Neurology* 64 (2005): 2004–2005.

Duch, Jordi, Joshua S. Waitzman, and Luis A. N. Amaral. "Quantifying the Performance of Individual Players in a Team Activity." *PLOS ONE* 5(6) (2010): e10937.

Gaines, Cork. "How the Patriots Pulled Off the Biggest Steal in NFL Draft History and Landed Future Hall of Famer Tom Brady." *Business Insider*, September 10, 2015.

Gould, Stephen J. *Wonderful Life: The Burgess Shale and the Nature of History*. New York: Norton, 1989.

Lehrer, Jonah. *How We Decide*. Boston: Houghton Mifflin Harcourt, 2009.

Maguire, Eleanor A., Katherine Woollett, and Hugo J. Spiers. "London Taxi Drivers and Bus Drivers: A Structural MRI and Neuropsychological Analysis." *Hippocampus* 16 (2006): 1091–1101.

Massey, Cade, and Richard H. Thaler. "The Loser's Curse: Decision Making and Market Efficiency in the National Football League Draft." *Management Science* 59 (2013): 1479–1495.

Pinker, Steven. "The False Lure of Group Selection." *Wired*, June 18, 2012.

Siegel, Daniel J. *Mind: A Journey to the Heart of Being Human*. New York: Norton, 2016.

Sober, Elliott, and David Sloan Wilson. *Unto Others: The Evolution and Psychology of Unselfish Behavior*. Cambridge, MA: Harvard University Press, 1999.

Soltis, Joseph, Robert Boyd, and Peter Richerson. "Can Group-Functional Behaviors Evolve by Cultural Group Selection? An Empirical Test." *Current Anthropology* 36 (1995): 473–483.

Williams, George C. *Adaptation and Natural Selection: A Critique of Some Current Evolutionary Thought*. Princeton, NJ: Princeton University Press, 1966.

Wilson, David Sloan, and Edward O. Wilson. "Evolution 'for the Good of the Group.'" *American Scientist* 96 (2008): 380–389.

Woollett, Katherine, and Eleanor A. Maguire. "Acquiring the 'Knowledge'of London's Layout Drives

Structural Brain Changes." *Current Biology* 21 (2011): 2109–2114.

第四章

Bentley, R. Alexander, and Michael J. O'Brien. "The Selectivity of Cultural Learning and the Tempo of Cultural Evolution." *Journal of Evolutionary Psychology* 9 (2011): 125–141.

Bloom, Paul. "Can a Dog Learn a Word?" *Science* 304 (2004): 1605–1606.

Boyd, Robert. *A Different Kind of Animal: How Culture Transformed Our Species*. Princeton, NJ: Princeton University Press, 2017.

Boyd, Robert, and Peter J. Richerson. *Culture and the Evolutionary Process*. Chicago: University of Chicago Press, 1985.

Caldwell, Christine A., and Alisa E. Millen. "Social Learning Mechanisms and Cumulative Culture: Is Imitation Necessary?" *Psychological Science* 12 (2009): 1478–1483.

Fragaszy, Dorothy M. "Community Resources for Learning: How Capuchin Monkeys Construct Technical Traditions." *Biological Theory* 6 (2011): 231–240.

Fridland, Ellen, and Richard Moore. "Imitation Reconsidered." *Philosophical Psychology* 28 (2015):

856–880.

Grassmann, Susanne, Juliane Kaminski, and Michael Tomasello. "How Two Word-Trained Dogs Integrate Pointing and Naming." *Animal Cognition* 15 (2012): 657–665.

Henrich, Joseph, and Francisco Gil-White. "The Evolution of Prestige: Freely Conferred Deference as a Mechanism for Enhancing the Benefits of Cultural Transmission." *Evolution and Human Behavior* 22 (2001): 165–196.

Heyes, Cecilia M., and Bennett G. Galef, Jr., eds. *Learning in Animals: The Roots of Culture*. San Diego: Academic Press, 1996.

Hirata, Satoshi, Kunio Watanabe, and Masao Kawai. "'Sweet-Potato Washing' Revisited." In *Primate Origins of Human Cognition and Behavior*, edited by Tetsuro Matsuzawa, 487–508. Tokyo: Springer, 2001.

Kaminski, Juliane, Josep Call, and Julia Fischer. "Word Learning in a Domestic Dog: Evidence for 'Fast Mapping.'" *Science* 304 (2004): 1682–1683.

Laland, Kevin N. "Social Learning Strategies." *Learning & Behavior* 32 (2004): 4–14.

Lehrer, Jonah. *How We Decide*. Boston: Houghton Mifflin Harcourt, 2009.

Mesoudi, Alex. "An Experimental Simulation of the 'Copy-Successful-Individuals' Cultural Learning Strategy: Adaptive Landscapes, Producer–Scrounger Dynamics, and Informational Access Costs." *Evolution and Human Behavior* 29 (2008): 350–363.

Mesoudi, Alex. "Variable Acquisition Costs Constrain Cumulative Cultural Evolution." *PLOS ONE* 6(3) (2011): e18239.

Morin, Roc. "A Conversation with Koko the Gorilla." *The Atlantic*, August 28, 2015. https://www.theatlantic.com/technology/archive/2015/08/koko-the-talking-gorilla-sign-language-francine-patterson/402307.

O'Brien, Michael J., Matthew T. Boulanger, Briggs Buchanan, Mark Collard, R. Lee Lyman, and John Darwent. "Innovation and Cultural Transmission in the American Paleolithic: Phylogenetic Analysis of Eastern Paleoindian Projectile-Point Classes." *Journal of Anthropological Archaeology* 34 (2014): 100–119.

O'Brien, Michael J., and Briggs Buchanan. "Cultural Learning and the Clovis Colonization of North America." *Evolutionary Anthropology* 26 (2017): 270–284.

Pilley, John W., and Hilary Hinzmann. *Chaser: Unlocking the Genius of the Dog Who Knows a Thousand*

Words. New York: Houghton Mifflin Harcourt, 2013.

Preston, Douglas D. "Woody's Dream." *New Yorker* 75 (1999): 80–87.

Sholts, Sabrina B., Dennis J. Stanford, Louise M. Flores, and Sebastian K. T. S. Warmlander. "Flake Scar Patterns of Clovis Points Analyzed with a New Digital Morphometrics Approach: Evidence for Direct Transmission of Technological Knowledge across Early North America." *Journal of Archaeological Science* 39 (2012): 3018–3026.

Tomasello, Michael, Malinda Carpenter, Josep Call, Tanya Behne, and Henricke Moll. "Understanding and Sharing Intentions: The Origins of Cultural Cognition." *Behavioral and Brain Sciences* 28 (2005): 675–735.

Tomasello, Michael, Ann C. Kruger, and Hilary H. Ratner. "Cultural Learning." *Behavioral and Brain Sciences* 16 (1993): 495–552.

Wells, H. G. *The Time Machine*. London, Heinemann, 1895.

Whiten, Andrew, Jane Goodall, William C. McGrew, Tsukasa Nishida, David V. Reynolds, Yukihiko Sugiyama, Caroline E. G. Tutin, et al. "Cultures in Chimpanzees." *Nature* 399 (1999): 682–685.

Whiten, Andrew, Nicola McGuigan, Sarah Marshall-Pescini, and Lydia M. Hopper. "Emulation, Imitation,

Over-imitation and the Scope of Culture for Child and Chimpanzee." *Philosophical Transactions of the Royal Society B* 364 (2009): 2417–2428.

第五章

Carroll, Lewis. *Through the Looking Glass and What Alice Found There*. London: Macmillan, 1872.

Complexity Labs. "Fitness Landscapes." February 15, 2014. http://complexitylabs.io/fitness-landscapes.

Kameda, Tatsuya, and Daisuke Nakanishi. "Cost-Benefit Analysis of Social/Cultural Learning in a Nonstationary Uncertain Environment: An Evolutionary Simulation and an Experiment with Human Subjects." *Evolution and Human Behavior* 23 (2002): 373–393.

Kane, David. "Local Hillclimbing on an Economic Landscape." Santa Fe Institute Working Paper 96-08-065, Santa Fe, NM, 1996.

Kang, Cecilia. "Unemployed Detroit Residents Are Trapped by a Digital Divide." *New York Times,* May 22, 2016. https://www.nytimes.com/2016/05/23/technology/unemployed-detroit-residents-are-trapped-by-a-digital-divide.html.

Kauffman, Stuart. *At Home in the Universe: The Search for Laws of Self-Organization and Complexity*.

Oxford: Oxford University Press, 1995.

Kauffman, Stuart, Jose Lobo, and William J. Macready. "Optimal Search on a Technology Landscape." *Journal of Economic Behavior and Organization* 43 (2000): 141–166.

Kempe, Marius, Stephen J. Lycett, and Alex Mesoudi. "An Experimental Test of the Accumulated Copying Error Model of Cultural Mutation for Acheulean Handaxe Size." *PLOS ONE* 7(11) (2012): e48333.

National Student Clearinghouse Research Center. "Current Term Enrollment Estimates—Spring 2017." https://nscresearchcenter.org/currenttermenrollmentestimate-spring2017.

Page, Scott E. *Diversity and Complexity*. Princeton, NJ: Princeton University Press, 2011.

Simon, Caroline. "For-Profit Colleges' Teachable Moment: 'Terrible Outcomes Are Very Profitable.'" *Forbes*, March 19, 2018. https://www.forbes.com/sites/schoolboard/2018/03/19/for-profit-colleges-teachable-moment-terrible-outcomes-are-very-profitable/#3d7b01a440f5.

Tomasello, Michael, Ann C. Kruger, and Hilary H. Ratner. "Cultural Learning." *Behavioral and Brain Sciences* 16 (1993): 495–511.

Vaughan, C. David. "A Million Years of Style and Function: Regional and Temporal Variation in Acheulean Handaxes." In *Style and Function: Conceptual Issues in Evolutionary Archaeology*, edited by Teresa D. Hurt and Gordon F. M. Rakita, 141–163. Westport, CT: Bergin & Garvey.

Wright, Sewall. "The Roles of Mutation, Inbreeding, Crossbreeding and Selection in Evolution." In *Proceedings of the Sixth Congress on Genetics* (vol. 1), edited by Donald F. Jones, 356–366. New York: Brooklyn Botanic Garden, 1932.

第六章

Atkisson, Curtis, Michael J. O'Brien, and Alex Mesoudi. "Adult Learners in a Novel Environment Use Prestige-Biased Social Learning." *Evolutionary Psychology* 10 (2012): 519–537.

Bentley, Alex, Mark Earls, and Michael J. O'Brien. *I'll Have What She's Having: Mapping Social Behavior*. Cambridge, MA: MIT Press, 2011.

Bentley, R. Alexander, Mark Earls, and Michael J. O'Brien. "Mapping Human Behavior for Business." *European Business Review* May–June (2012): 23–26.

Bentley, R. Alexander, Michael J. O'Brien, and William A. Brock. "Mapping Collective Behavior in the Big-Data Era." *Behavioral and Brain Sciences* 37 (2014): 63–119.

Brock, William A., R. Alexander Bentley, Michael J. O'Brien, and Camila S. S. Caiado. "Estimating a Path through a Map of Decision Making." *PLOS ONE* 9 (11) (2014): e111022.

Brock, William A., and Steven N. Durlauf. "Discrete Choice with Social Interactions." *Review of Economic Studies* 68 (2001): 235–260.

Ehrenberg, Andrew S. C. "The Pattern of Consumer Purchases." *Journal of the Royal Statistical Society C* 8 (1959): 26–41.

Enquist, Magnus, Kimmo Eriksson, and Stefano Ghirlanda. "Critical Social Learning: A Solution to Rogers's Paradox of Nonadaptive Culture." *American Anthropologist* 109 (2007): 727–734.

Kahneman, Daniel. "Maps of Bounded Rationality: Psychology for Behavioral Economics." *American Economic Review* 93 (2003): 1449–1475.

Laland, Kevin N. "Social Learning Strategies." *Learning & Behavior* 32 (2004): 4–14.

Loewenstein, George F., Leigh Thompson, and Max Bazerman. "Social Utility and Decision Making in Interpersonal Contexts." *Journal of Personality and Social Psychology* 57 (1989): 426–441.

Mesoudi, Alex. "An Experimental Simulation of the 'Copy-Successful-Individuals' Cultural Learning Strategy: Adaptive Landscapes, Producer–Scrounger Dynamics, and Informational Access Costs." *Evolution and Human Behavior* 29 (2008): 350–363.

Mesoudi, Alex, and Stephen J. Lycett. "Random Copying, Frequency-Dependent Copying and Culture Change." *Evolution and Human Behavior* 30 (2009): 41–48.

Pariser, Eli. *The Filter Bubble: What the Internet Is Hiding from You*. New York: Penguin, 2011.

Rogers, Everett M. *Diffusion of Innovations*, 4th ed. New York: Free Press, 1995.

Salganik, Matthew J., Peter S. Dodds, and Duncan J. Watts. "Experimental Study of Inequality and Unpredictability in an Artificial Cultural Market." *Science* 311 (2006): 854–856.

第七章

Anonymous. "Playing Out the Last Hand." *The Economist*, April 26, 2014. https://www.economist.com/news/briefing/21601240-warren-buffetts-50-years-running-berkshire-hathaway-have-been-one-businesss-most-impressive.

Frazzini, Andrea, David Kabiller, and Lasse H. Pedersen. "Buffett's Alpha." National Bureau of Economic Research Working Paper No. 19681, 2013.

Keller, Rudi. "University of Missouri Enrollment to Decline More than 7 Percent; 400 Jobs to Be Eliminated." *Columbia Daily Tribune*, May 15, 2017.

Muggeridge, Malcolm. *Muggeridge through the Microphone: BBC Radio and Television*. London: British Broadcasting Corporation, 1967.

Prier, Jared. "Commanding the Trend: Social Media as Information Warfare." *Strategic Studies Quarterly* (Winter 2017): 50–85.

Richards, Jeffrey. *Sir Henry Irving: A Victorian Actor and His World*. London: Bloomsbury, 2005.

Schroeder, Alice. *The Snowball: Warren Buffett and the Business of Life*. New York: Bantam, 2008.

Stripling, Jack. "How Missouri's Deans Plotted to Get Rid of Their Chancellor." *Chronicle of Higher Education*, November 20, 2015.

第八章

Acerbi, Alberto, Vasileios Lampos, Philip Garnett, and R. Alexander Bentley. "The Expression of Emotion in 20th Century Books." *PLOS ONE* 8(3) (2013): e59030.

Allen, David, and T. D. Wilson. Information Overload: Context and Causes. *New Review of Information Behaviour Research* 4 (2003): 31–44.

Andris, Clio, David Lee, Marcus J. Hamilton, Mauro Martino, Christian E. Gunning, and John Armistead

Selden. "The Rise of Partisanship and Super-Cooperators in the U.S. House of Representatives." *PLOS ONE* 10(4) (2015): e0123507.

Beinhocker, Eric D. *The Origin of Wealth: Evolution, Complexity, and the Radical Remaking of Economics*. New York: Random House, 2006.

Bentley, Alex, Mark Earls, and Michael J. O'Brien. *I'll Have What She's Having: Mapping Social Behavior*. Cambridge, MA: MIT Press, 2011.

Bentley, R. Alexander, and Michael J. O'Brien. *The Acceleration of Cultural Change: From Ancestors to Algorithms*. Cambridge, MA: MIT Press, 2017.

Borgatti, Stephen P., Ajay Mehra, Daniel J. Brass, and Giuseppe Labianca. "Network Analysis in the Social Sciences." *Science* 323 (2009): 892–895.

Brock, William A., and Steven N. Durlauf. "A Formal Model of Theory Choice in Science." *Economic Theory* 14 (1999): 113–130.

Cohen, Jon. "U.S. Blames 'Massive' Hack of Research Data on Iran." *Science* 359 (2018): 1450.

Evans, James A., and Jacob G. Foster. "Metaknowledge." *Science* 331 (2011): 721–725.

Garimella, Kiran, and Ingmar Weber. "A Long-Term Analysis of Polarization on Twitter." *arXiv* (2017):

1703.02769.

Henrich, Joseph, and James Broesch. "On the Nature of Cultural Transmission Networks: Evidence from Fijian Villages for Adaptive Learning Biases." *Philosophical Transactions of the Royal Society B* 366 (2011): 1139–1148.

Iyengar, Sheena S., and Mark R. Lepper. "When Choice Is Demotivating: Can One Desire Too Much of a Good Thing?" *Journal of Personality and Social Psychology* 79 (2000): 995–1006.

Jacoby, Jacob, Donald E. Speller, and Carol A. Kohn. "Brand Choice Behavior as a Function of Information Load." *Journal of Marketing Research* 11 (1974): 63–69.

Jinha, Arif. "Article 50 Million: An Estimate of the Number of Scholarly Articles in Existence." *Learned Publishing* 23 (2010): 258–263.

Kahneman, Daniel. "Maps of Bounded Rationality: Psychology for Behavioral Economics." *American Economic Review* 93 (2003): 1449–1475.

Kim, Tae. "John Malone Says Amazon Is a Death Star Moving within 'Striking Range' of Every Industry on the Planet." November 16, 2017. https://www.msn.com/en-us/money/companies/john-malone-says-amazon-is-a-death-star-moving-in-striking-range-of-every-industry-on-the-planet/ar-

BBF2LYS?li=BBnbfcL.

Kircher, Madison M. "Sean Parker: We Built Facebook to Exploit You." November 9, 2017. https://www.msn.com/en-us/news/technology/sean-parker-we-built-facebook-to-exploit-you/ar-BBELRgF?li=BBnb7Kz.

Kitcher, Philip. *Abusing Science: The Case against Creationism*. Cambridge, MA: MIT Press, 1982.

Lazer, David M. J., Matthew A. Baum, Yochai Benkler, Adam J. Berinski, Kelly M. Greenhill, Filippo Menczer, Miriam J. Metzger, et al. "The Science of Fake News: Addressing Fake News Requires a Multidisciplinary Effort." *Science* 359 (2018): 1094–1096.

Onnela, Jukka-Pekka, and Felix Reed-Tsochas. "Spontaneous Emergence of Social Influence in Online Systems." *Proceedings of the National Academy of Sciences* 107 (2010): 18375–18380.

Prier, Jared. "Commanding the Trend: Social Media as Information Warfare." *Strategic Studies Quarterly* (Winter 2017): 50–85.

Salganik, Matthew J., Peter S. Dodds, and Duncan J. Watts. "Experimental Study of Inequality and Unpredictability in an Artificial Cultural Market." *Science* 311 (2006): 854–856.

Schrift, Rom Y., Oded Netzer, and Ran Kivetz. "Complicating Choice: The Effort Compatibility

Hypothesis." *Journal of Marketing Research* 48 (2011): 308–326.

Sela, Aner, and Jonah Berger. "Decision Quicksand: How Trivial Choices Suck Us In." *Journal of Consumer Research* 39 (2012): 360–370.

Vosoughi, Soroush, Deb Roy, and Sinan Aral. "The Spread of True and False News Online." *Science* 359 (2018): 1146–1151.

Ware, Mark, and Michael Mabe. *The STM Report: An Overview of Scientific and Scholarly Journal Publishing*. Oxford: International Association of Scientific, Technical and Medical Publishers, 2015.

Watts, Duncan, and Steve Hasker. "Marketing in an Unpredictable World." *Harvard Business Review* 84(9) (2006): 25–30.

知識叢書 1083

決策地圖

The Importance of Small Decisions

作　　者—麥克・歐布萊恩（Michael J. O'Brien）、亞歷山大・賓利（R. Alexander Bentley）、威廉・布洛克（William A. Brock）
譯　　者—蕭美惠
編　　者—張啟淵
封面設計—兒日
執行企劃—林進韋
總 編 輯—胡金倫
董 事 長—趙政岷
出 版 者—時報文化出版企業股份有限公司
108019台北市和平西路三段二四〇號四樓
發行專線—（〇二）二三〇六—六八四二
讀者服務專線—〇八〇〇—二三一—七〇五・（〇二）二三〇四—七一〇三
讀者服務傳真—（〇二）二三〇四—六八五八
郵撥—一九三四四七二四時報文化出版公司
信箱—10899台北華江橋郵局第九九信箱
時報悅讀網—http://www.readingtimes.com.tw
法律顧問—理律法律事務所　陳長文律師、李念祖律師
印　　刷—勁達印刷有限公司
初版一刷—二〇二〇年五月二十二日
定　　價—新台幣三〇〇元
（缺頁或破損的書，請寄回更換）

時報文化出版公司成立於一九七五年，
並於一九九九年股票上櫃公開發行，於二〇〇八年脫離中時集團非屬旺中，
以「尊重智慧與創意的文化事業」為信念。

決策地圖 / 麥克・歐布萊恩（Michael J. O'Brien），亞歷山大・賓利（R. Alexander Bentley），威廉・布洛克（William A. Brock）著；蕭美惠譯. -- 初版. -- 臺北市：時報文化, 2020.05
面；　公分. --（知識叢書；1083）
譯自：The importance of small decisions
ISBN 978-957-13-8188-6（平裝）

1. 決策管理 2. 管理心理學 3. 人際關係

494.1　　109005066

ISBN 978-957-13-8188-6
Printed in Taiwan